U0366278

建筑与市政工程施工现场专业人员职业标准培训教材

机械员岗位知识与专业技能

建筑与市政工程施工现场专业人员职业标准培训教材编审委员会
中国建设教育协会　　　　　　　　　　　　　　　　　组织编写
贾立才　　陈再捷　　主编

中国建筑工业出版社

图书在版编目（CIP）数据

机械员岗位知识与专业技能/建筑与市政工程施工现场专业
人员职业标准培训教材编审委员会编写. —北京：中国建筑
工业出版社，2013.8
建筑与市政工程施工现场专业人员职业标准培训教材
ISBN 978-7-112-15691-7

Ⅰ.①机… Ⅱ.①建… Ⅲ.①建筑机械-技术培训-教材
Ⅳ.①TU6

中国版本图书馆 CIP 数据核字（2013）第 183706 号

建筑与市政工程施工现场专业人员职业标准培训教材
机械员岗位知识与专业技能
建筑与市政工程施工现场专业人员职业标准培训教材编审委员会
中国建设教育协会　　　　　　　　　　　　组织编写
贾立才　陈再捷　主编

*

中国建筑工业出版社出版、发行（北京西郊百万庄）
各地新华书店、建筑书店经销
北京科地亚盟排版公司制版
北京建筑工业印刷厂印刷

*

开本：787×1092 毫米　1/16　印张：10½　字数：258 千字
2013 年 9 月第一版　　2017 年 5 月第十次印刷
定价：**26.00** 元
ISBN 978-7-112-15691-7
（24238）

本书是建筑与市政工程施工现场专业人员职业标准培训教材之一，本书分为岗位知识与专业技能两篇。上篇岗位知识主要内容有：建筑机械管理相关法规、规范，建筑起重机械关键零部件，常见建筑机械的类型及技术性能，建筑机械维修，建筑机械安全管理，建筑机械成本核算。下篇专业技能主要内容有：建筑机械的选用、建筑机械的合理配置、建筑机械使用管理、建筑机械资料管理。

本书可供建筑与市政工程施工现场专业人员岗位培训使用，也可供相关专业工程技术人员参考。

责任编辑：朱首明　李　明
责任设计：李志立
责任校对：姜小莲　赵　颖

建筑与市政工程施工现场专业人员职业标准培训教材编审委员会

主　任：赵　琦　李竹成

副主任：沈元勤　张鲁风　何志方　胡兴福　危道军

　　　　尤　完　赵　研　邵　华

委　员：（按姓氏笔画为序）

王兰英　王国梁　孔庆璐　邓明胜　艾永祥

艾伟杰　吕国辉　朱吉顶　刘尧增　刘哲生

孙沛平　李　平　李　光　李　奇　李　健

李大伟　杨　苗　时　炜　余　萍　沈　汛

宋岩丽　张　晶　张　颖　张亚庆　张燕娜

张晓艳　张悠荣　陈　曦　陈再捷　金　虹

郑华孚　胡晓光　侯洪涛　贾宏俊　钱大志

徐家华　郭庆阳　韩丙甲　鲁　麟　魏鸿汉

出 版 说 明

　　建筑与市政工程施工现场专业人员队伍素质是影响工程质量和安全生产的关键因素。我国从 20 世纪 80 年代开始，在建设行业开展关键岗位培训考核和持证上岗工作，对于提高建设行业从业人员的素质起到了积极的作用。进入 21 世纪，在改革行政审批制度和转变政府职能的背景下，建设行业教育主管部门转变行业人才工作思路，积极规划和组织职业标准的研发。在住房和城乡建设部人事司的主持下，由中国建设教育协会、苏州二建建筑集团有限公司等单位主编了建设行业的第一部职业标准——《建筑与市政工程施工现场专业人员职业标准》，已由住房和城乡建设部发布，作为行业标准于 2012 年 1 月 1 日起实施。为推动该标准的贯彻落实，进一步编写了配套的 14 个考核评价大纲。

　　该职业标准及考核评价大纲有以下特点：（1）系统分析各类建筑施工企业现场专业人员岗位设置情况，总结归纳了 8 个岗位专业人员核心工作职责，这些职业分类和岗位职责具有普遍性、通用性。（2）突出职业能力本位原则，工作岗位职责与专业技能相互对应，通过技能训练能够提高专业人员的岗位履职能力。（3）注重专业知识的完整性、系统性，基本覆盖各岗位专业人员的知识要求，通用知识具有各岗位的一致性，基础知识、岗位知识能够体现本岗位的知识结构要求。（4）适应行业发展和行业管理的现实需要，岗位设置、专业技能和专业知识要求具有一定的前瞻性、引导性，能够满足专业人员提高综合素质和适应岗位变化的需要。

　　为落实职业标准，规范建设行业现场专业人员岗位培训工作，我们依据与职业标准相配套的考核评价大纲，组织编写了《建筑与市政工程施工现场专业人员职业标准培训教材》。

　　本套教材覆盖《建筑与市政工程施工现场专业人员职业标准》涉及的施工员、质量员、安全员、标准员、材料员、机械员、劳务员、资料员 8 个岗位 14 个考核评价大纲。每个岗位、专业，根据其职业工作的需要，注意精选教学内容、优化知识结构、突出能力要求，对知识、技能经过合理归纳，编写为《通用与基础知识》和《岗位知识与专业技能》两本，供培训配套使用。本套教材共 29 本，作者基本都参与了《建筑与市政工程施工现场专业人员职业标准》的编写，使本套教材的内容能充分体现《建筑与市政工程施工现场专业人员职业标准》，促进现场专业人员专业学习和能力提高的要求。

　　作为行业现场专业人员第一个职业标准贯彻实施的配套教材，我们的编写工作难免存在不足，因此，我们恳请使用本套教材的培训机构、教师和广大学员多提宝贵意见，以便进一步的修订，使其不断完善。

建筑与市政工程施工现场专业人员职业标准培训教材编审委员会

前　言

《建筑与市政工程施工现场专业人员职业标准》（JGJ/T 250—2011）于 2012 年 1 月 1 日正式实施。机械管理员是此次住房与城乡建设部设立的施工现场管理八大员之一。为进一步提高建筑与市政工程施工现场机械管理员职业素质，提高建筑与市政工程现场建筑机械管理水平，保证工程质量安全，并统一和规范全国建筑机械管理员的教材，在中国建设教育协会指导下，由中国建筑业协会机械管理与租赁分会牵头并组织行业专家，根据住房和城乡建设部发布的《建筑与市政工程施工现场专业人员职业标准》（JGJ/T 250—2011）及《建筑与市政工程施工现场专业人员职业标准考核评价大纲》对机械员的要求，编写了本教材，包括"岗位知识和专业技能"两大部分。本教材的编写注重"工程实践性、文字可读性、内容先进性、结构合理性、知识正确性"，希望这套教材能帮助学员理解机械员考试大纲的要求，掌握重点和难点，提高日常实际工作能力。

本教材由中国建筑业协会机械管理与租赁分会贾立才会长、天津市建设工程质量安全监督管理总队及天津市工程机械行业协会陈再捷教授级高级工程师担任主编，中建三局三公司丁荷生高级工程师、重庆建筑业协会机械管理与租赁分会祁仁俊教授担任副主编，参加本教材的编写人员有：马旭、冯治安、刘延泰、刘晓亮、孙曰增、李广荣、李佑荣、李健、杨路帆、吴成华、陆志远、张公威、张燕秋、张燕娜、周家透、侯沂、谈培骏、殷晨波、黄治郁、曹德雄、程福强。

北京建筑机械化研究院孔庆璐副编审担任本教材的主审。

作为行业现场专业人员第一个职业标准贯彻实施的配套教材，由于编写仓促，难免有不足之处，希望读者提出宝贵意见，便于今后修订完善。

目　录

上篇　岗位知识

下篇　专　业　技　能

上篇 岗位知识

一、建筑机械管理相关法规、规范

（一）建筑机械安全监督管理有关法规

《建设工程安全生产管理条例》（国务院令第 393 号）第四条规定：建设单位、勘察单位、设计单位、施工单位、工程监理单位及其他与建设工程安全生产有关的单位，必须遵守安全生产法律、法规的规定，保证建设工程安全生产，依法承担建设工程安全生产责任。该条例中，对建筑机械的租赁、安装拆卸、使用管理等方面作了详细规定。

《特种设备安全监察条例》（国务院令 549 号）第三条规定：特种设备的生产（含设计、制造、安装、改造、维修）使用，检验检测及监督检查，应当遵守本条例。房屋建筑工地和市政工程工地用起重机械，场（厂）内专用机动车辆的安装、使用的监督管理，由建设行政主管部门依照有关法律，法规的规定执行。依据国务院令第 393 号、第 549 号的规定，建设部制定了《建筑起重机械安全监督管理规定》（建设部令第 166 号），明确了建筑起重机械的范围和租赁、安装、拆卸、使用的管理及监督的相关规定，同时下发了相关配套文件。

1. 建筑起重机械制造管理

《特种设备安全监察条例》对建筑起重机械的制造，作出了如下规定：

第五条 特种设备生产、使用单位应当建立健全特种设备安全、节能管理制度和岗位安全、节能责任制度。特种设备生产、使用单位的主要负责人应当对本单位特种设备的安全和节能全面负责。特种设备生产、使用单位和特种设备检验检测机构，应当接受特种设备安全监督管理部门依法进行的特种设备安全监察。

第八条 国家鼓励推行科学的管理方法，采用先进技术，提高特种设备安全性能和管理水平，增强特种设备生产、使用单位防范事故的能力，对取得显著成绩的单位和个人，给予奖励。国家鼓励特种设备节能技术的研究、开发、示范和推广，促进特种设备节能技术创新和应用。

特种设备生产、使用单位和特种设备检验检测机构，应当保证必要的安全和节能投入。国家鼓励实行特种设备责任保险制度，提高事故赔付能力。

第十条 特种设备生产单位，应当依照本条例规定以及国务院特种设备安全监督管理部门制定并公布的安全技术规范（以下简称安全技术规范）的要求，进行生产活动。特种设备生产单位对其生产的特种设备的安全性能和能效指标负责，不得生产不符合安全性能要求和能效指标的特种设备，不得生产国家产业政策明令淘汰的特种设备。

第十四条 锅炉、压力容器、电梯、起重机械、客运索道、大型游乐设施及其安全附件、安全保护装置的制造、安装、改造单位，以及压力管道用管子、管件、阀门、法兰、补偿器、安全保护装置等（以下简称压力管道元件）的制造单位和场（厂）内专用机动车辆的制造、改造单位，应当经国务院特种设备安全监督管理部门许可，方可从事相应的活动。

前款特种设备的制造、安装、改造单位应当具备下列条件：

（一）有与特种设备制造、安装、改造相适应的专业技术人员和技术工人；

（二）有与特种设备制造、安装、改造相适应的生产条件和检测手段；

（三）有健全的质量管理制度和责任制度。

第十五条 特种设备出厂时，应当附有安全技术规范要求的设计文件、产品质量合格证明、安装及使用维修说明、监督检验证明等文件。

2. 建筑起重机械租赁管理

《建设工程安全生产管理条例》对建筑机械租赁，作出了如下规定：

第十五条 为建设工程提供机械设备和配件的单位，应当按照安全施工的要求配备齐全有效的保险、限位等安全设施和装置。

第十六条 出租的机械设备和施工机具及配件，应当具有生产（制造）许可证、产品合格证。

出租单位应当对出租的机械设备和施工机具及配件的安全性能进行检测，在签订租赁协议时，应当出具检测合格证明。

禁止出租检测不合格的机械设备和施工机具及配件。

《建筑起重机械安全监督管理规定》对建筑起重机械租赁，作出了如下规定：

第四条 出租单位出租的建筑起重机械和使用单位购置、租赁、使用的建筑起重机械应当具有特种设备制造许可证、产品合格证、制造监督检验证明。

第五条 出租单位在建筑起重机械首次出租前，自购建筑起重机械的使用单位在建筑起重机械首次安装前，应当持建筑起重机械特种设备制造许可证、产品合格证和制造监督检验证明到本单位工商注册所在地县级以上地方人民政府建设主管部门办理备案。

第六条 出租单位应当在签订的建筑起重机械租赁合同中，明确租赁双方的安全责任，并出具建筑起重机械特种设备制造许可证、产品合格证、制造监督检验证明、备案证明和自检合格证明，提交安装使用说明书。

第七条 有下列情形之一的建筑起重机械，不得出租、使用：

（一）属国家明令淘汰或者禁止使用的；

（二）超过安全技术标准或者制造厂家规定的使用年限的；

（三）经检验达不到安全技术标准规定的；

（四）没有完整安全技术档案的；

（五）没有齐全有效的安全保护装置的。

第八条 建筑起重机械有本规定第七条第（一）、（二）、（三）项情形之一的，出租单位或者自购建筑起重机械的使用单位应当予以报废，并向原备案机关办理注销手续。

第九条 出租单位、自购建筑起重机械的使用单位，应当建立建筑起重机械安全技术档案。

建筑起重机械安全技术档案应当包括以下资料：

（一）购销合同、制造许可证、产品合格证、制造监督检验证明、安装使用说明书、备案证明等原始资料；

（二）定期检验报告、定期自行检查记录、定期维护保养记录、维修和技术改造记录、运行故障和生产安全事故记录、累计运转记录等运行资料；

（三）历次安装验收资料。

3. 建筑起重机械安装、拆卸管理

《建设工程安全生产管理条例》对建筑机械安装、拆卸，作出了如下规定：

第十七条 在施工现场安装、拆卸施工起重机械和整体提升脚手架、模板等自升式架设设施，必须由具有相应资质的单位承担。

安装、拆卸施工起重机械和整体提升脚手架、模板等自升式架设设施，应当编制拆装方案、制定安全施工措施，并由专业技术人员现场监督。

施工起重机械和整体提升脚手架、模板等自升式架设设施安装完毕后，安装单位应当自检，出具自检合格证明，并向施工单位进行安全使用说明，办理验收手续并签字。

第十八条 施工起重机械和整体提升脚手架、模板等自升式架设设施的使用达到国家规定的检验检测期限的，必须经具有专业资质的检验检测机构检测。经检测不合格的，不得继续使用。

第十九条 检验检测机构对检测合格的施工起重机械和整体提升脚手架、模板等自升式架设设施，应当出具安全合格证明文件，并对检测结果负责。

《建筑起重机械安全监督管理规定》对建筑起重机械安装，拆卸，作出了如下规定：

第十条 从事建筑起重机械安装、拆卸活动的单位（以下简称安装单位）应当依法取得建设主管部门颁发的相应资质和建筑施工企业安全生产许可证，并在其资质许可范围内承揽建筑起重机械安装、拆卸工程。

第十一条 建筑起重机械使用单位和安装单位应当在签订的建筑起重机械安装、拆卸合同中明确双方的安全生产责任。

实行施工总承包的，施工总承包单位应当与安装单位签订建筑起重机械安装、拆卸工程安全协议书。

第十二条 安装单位应当履行下列安全职责：

（一）按照安全技术标准及建筑起重机械性能要求，编制建筑起重机械安装、拆卸工程专项施工方案，并由本单位技术负责人签字；

（二）按照安全技术标准及安装使用说明书等检查建筑起重机械及现场施工条件；

（三）组织安全施工技术交底并签字确认；

（四）制定建筑起重机械安装、拆卸工程生产安全事故应急救援预案；

（五）将建筑起重机械安装、拆卸工程专项施工方案，安装、拆卸人员名单，安装、拆卸时间等材料报施工总承包单位和监理单位审核后，告知工程所在地县级以上地方人民政府建设主管部门。

第十三条　安装单位应当按照建筑起重机械安装、拆卸工程专项施工方案及安全操作规程组织安装、拆卸作业。

安装单位的专业技术人员、专职安全生产管理人员应当进行现场监督，技术负责人应当定期巡查。

第十四条　建筑起重机械安装完毕后，安装单位应当按照安全技术标准及安装使用说明书的有关要求对建筑起重机械进行自检、调试和试运转。自检合格的，应当出具自检合格证明，并向使用单位进行安全使用说明。

第十五条　安装单位应当建立建筑起重机械安装、拆卸工程档案。

建筑起重机械安装、拆卸工程档案应当包括以下资料：

（一）安装、拆卸合同及安全协议书；

（二）安装、拆卸工程专项施工方案；

（三）安全施工技术交底的有关资料；

（四）安装工程验收资料；

（五）安装、拆卸工程生产安全事故应急救援预案。

4. 建筑起重机械使用管理

《建设工程安全生产管理条例》对建筑机械使用，作出了如下规定：

第三十三条　作业人员应当遵守安全施工的强制性标准、规章制度和操作规程，正确使用安全防护用具、机械设备等。

第三十四条　施工单位采购、租赁的安全防护用具、机械设备、施工机具及配件，应当具有生产（制造）许可证、产品合格证，并在进入施工现场前进行查验。

施工现场的安全防护用具、机械设备、施工机具及配件必须由专人管理，定期进行检查、维修和保养，建立相应的资料档案，并按照国家有关规定及时报废。

第三十五条　施工单位在使用施工起重机械和整体提升脚手架、模板等自升式架设设施前，应当组织有关单位进行验收，也可以委托具有相应资质的检验检测机构进行验收；使用承租的机械设备和施工机具及配件的，由施工总承包单位、分包单位、出租单位和安装单位共同进行验收。验收合格的方可使用。

《特种设备安全监察条例》规定的施工起重机械，在验收前应当经有相应资质的检验检测机构监督检验合格。

施工单位应当自施工起重机械和整体提升脚手架、模板等自升式架设设施验收合格之日起30日内，向建设行政主管部门或者其他有关部门登记。登记标志应当置于或者附着于该设备的显著位置。

《建筑起重机械安全监督管理规定》对建筑起重机械使用，作出了如下规定：

第十六条　建筑起重机械安装完毕后，使用单位应当组织出租、安装、监理等有关单位进行验收，或者委托具有相应资质的检验检测机构进行验收。建筑起重机械经验收合格后方可投入使用，未经验收或者验收不合格的不得使用。

实行施工总承包的，由施工总承包单位组织验收。

建筑起重机械在验收前应当经有相应资质的检验检测机构监督检验合格。

检验检测机构和检验检测人员对检验检测结果、鉴定结论依法承担法律责任。

第十七条　使用单位应当自建筑起重机械安装验收合格之日起30日内，将建筑起重机械安装验收资料、建筑起重机械安全管理制度、特种作业人员名单等，向工程所在地县级以上地方人民政府建设主管部门办理建筑起重机械使用登记。登记标志置于或者附着于该设备的显著位置。

第十八条　使用单位应当履行下列安全职责：

（一）根据不同施工阶段、周围环境以及季节、气候的变化，对建筑起重机械采取相应的安全防护措施；

（二）制定建筑起重机械生产安全事故应急救援预案；

（三）在建筑起重机械活动范围内设置明显的安全警示标志，对集中作业区做好安全防护；

（四）设置相应的设备管理机构或者配备专职的设备管理人员；

（五）指定专职设备管理人员、专职安全生产管理人员进行现场监督检查；

（六）建筑起重机械出现故障或者发生异常情况的，立即停止使用，消除故障和事故隐患后，方可重新投入使用。

第十九条　使用单位应当对在用的建筑起重机械及其安全保护装置、吊具、索具等进行经常性和定期的检查、维护和保养，并做好记录。

使用单位在建筑起重机械租期结束后，应当将定期检查、维护和保养记录移交出租单位。

建筑起重机械租赁合同对建筑起重机械的检查、维护、保养另有约定的，从其约定。

第二十条　建筑起重机械在使用过程中需要附着的，使用单位应当委托原安装单位或者具有相应资质的安装单位按照专项施工方案实施，并按照本规定第十六条规定组织验收。验收合格后方可投入使用。

建筑起重机械在使用过程中需要顶升的，使用单位委托原安装单位或者具有相应资质的安装单位按照专项施工方案实施后，即可投入使用。

禁止擅自在建筑起重机械上安装非原制造厂制造的标准节和附着装置。

第二十一条　施工总承包单位应当履行下列安全职责：

（一）向安装单位提供拟安装设备位置的基础施工资料，确保建筑起重机械进场安装、拆卸所需的施工条件；

（二）审核建筑起重机械的特种设备制造许可证、产品合格证、制造监督检验证明、备案证明等文件；

（三）审核安装单位、使用单位的资质证书、安全生产许可证和特种作业人员的特种作业操作资格证书；

（四）审核安装单位制定的建筑起重机械安装、拆卸工程专项施工方案和生产安全事故应急救援预案；

（五）审核使用单位制定的建筑起重机械生产安全事故应急救援预案；

（六）指定专职安全生产管理人员监督检查建筑起重机械安装、拆卸、使用情况；

（七）施工现场有多台塔式起重机作业时，应当组织制定并实施防止塔式起重机相互碰撞的安全措施。

第二十四条　建筑起重机械特种作业人员应当遵守建筑起重机械安全操作规程和安全管理制度，在作业中有权拒绝违章指挥和强令冒险作业，有权在发生危及人身安全的紧急情况时立即停止作业或者采取必要的应急措施后撤离危险区域。

第二十五条　建筑起重机械安装拆卸工、起重信号工、起重司机、司索工等特种作业人员应当经建设主管部门考核合格，并取得特种作业操作资格证书后，方可上岗作业。

省、自治区、直辖市人民政府建设主管部门负责组织实施建筑施工企业特种作业人员的考核。

特种作业人员的特种作业操作资格证书由国务院建设主管部门规定统一的样式。

5. 建筑机械设备特种作业人员管理

（1）《建筑工程安全生产管理条例》（国务院令第393号）对建筑机械设备特种作业人员使用与管理，作出了如下规定：

第二十五条　垂直运输机械作业人员、安装拆卸工、爆破作业人员、起重信号工、登高架设作业人员等特种作业人员，必须按照国家有关规定经过专门的安全作业培训，并取得特种作业操作资格证书后，方可上岗作业。

（2）住建部《建筑施工特种作业人员管理规定》（建质【2008】75号文件），对建筑施工特种作业人员使用与管理，作出了如下规定：

第三条　建筑施工特种作业包括：

（一）建筑电工；

（二）建筑架子工；

（三）建筑起重信号司索工；

（四）建筑起重机械司机；

（五）建筑起重机械安装拆卸工；

（六）高处作业吊篮安装拆卸工；

（七）经省级以上人民政府建设主管部门认定的其他特种作业。

第四条　建筑施工特种作业人员必须经建设主管部门考核合格，取得建筑施工特种作业人员操作资格证书（以下简称"资格证书"），方可上岗从事相应作业。

第五条　国务院建设主管部门负责全国建筑施工特种作业人员的监督管理工作。

第六条　建筑施工特种作业人员的考核发证工作，由省、自治区、直辖市人民政府建设主管部门或其委托的考核发证机构（以下简称"考核发证机关"）负责组织实施。

第八条　申请从事建筑施工特种作业的人员，应当具备下列基本条件：

（一）年满18周岁且符合相关工种规定的年龄要求；

（二）经医院体检合格且无妨碍从事相应特种作业的疾病和生理缺陷；

（三）初中及以上学历；

（四）符合相应特种作业需要的其他条件。

第十四条　资格证书应当采用国务院建设主管部门规定的统一样式，由考核发证机关编号后签发。资格证书在全国通用。

第十五条　持有资格证书的人员，应当受聘于建筑施工企业或者建筑起重机械出租单位（以下简称用人单位），方可从事相应的特种作业。

第十六条　用人单位对于首次取得资格证书的人员，应当在其正式上岗前安排不少于3个月的实习操作。

第十七条　建筑施工特种作业人员应当严格按照安全技术标准、规范和规程进行作业，正确佩戴和使用安全防护用品，并按规定对作业工具和设备进行维护保养。

建筑施工特种作业人员应当参加年度安全教育培训或者继续教育，每年不得少于24小时。

第十八条　在施工中发生危及人身安全的紧急情况时，建筑施工特种作业人员有权立即停止作业或者撤离危险区域，并向施工现场专职安全生产管理人员和项目负责人报告。

第二十条　任何单位和个人不得非法涂改、倒卖、出租、出借或者以其他形式转让资格证书。

第二十一条　建筑施工特种作业人员变动工作单位，任何单位和个人不得以任何理由非法扣押其资格证书。

第二十二条　资格证书有效期为两年。有效期满需要延期的，建筑施工特种作业人员应当于期满前3个月内向原考核发证机关申请办理延期复核手续。延期复核合格的，资格证书有效期延期2年。

6. 建筑起重机械安全监督管理

《建筑起重机械安全监督管理规定》对建筑机械安全监督管理，作出了如下规定：

第二十六条　建设主管部门履行安全监督检查职责时，有权采取下列措施：

要求被检查的单位提供有关建筑起重机械的文件和资料。

进入被检查单位和被检查单位的施工现场进行检查。

对检查中发现的建筑起重机械生产安全事故隐患，责令立即排除；重大生产安全事故隐患排除前或者排除过程中无法保证安全的，责令从危险区域撤出作业人员或者暂时停止施工。

第二十七条　负责办理备案或者登记的建设主管部门应建立本行政区域内的建筑起重机械档案，按照有关规定对建筑起重机械进行统一编号，并定期向社会公布建筑起重机械的安全状况。

（二）建筑机械安全技术标准、规范

根据建设部《实施工程建设强制性标准监督规定》（建设部令第81号）中规定，在中华人民共和国境内从事新建、扩建、改建等工程建设活动中，直接涉及工程质量、安全、卫生及环境保护等方面，必须执行工程建设强制性标准。

强制性标准颁布以来，各级建设行政主管部门和广大工程技术管理人员高度重视，认真开展了强制性标准的宣传、贯彻等各项活动，以准确理解强制性标准的内容，把强制性条文的要求，贯彻在工程施工活动中，以保障建筑工程的工程质量、安全、卫生及环境保护等方面，全面达到强制性标准的规定。

强制性标准对建筑施工机械设备中的强制性条文，主要涉及在施工中的生产安全，并在标准中以黑体字进行标注，是在施工活动中必须认真、严格执行。强制性条文的正确实施，对促进建筑施工产业的健康发展，确保工程施工的质量、安全，提高企业经济效益、社会效益和环境效益具有重要的意义。

技术标准、规范及技术规程分为：国家标准、行业标准、地方标准和企业标准。

1. 建筑机械综合性标准、规范

GB/T 26546—2011《工程机械减轻环境负担的技术指南》

JGJ 34—1986《建筑机械技术试验规程》

JG/T 5050—1994《建筑机械与设备可靠性考核通则》

JG/T 5051—1994《建筑机械与设备检测数据的整理与判定》

JGJ 33—2012《建筑机械使用安全技术规程》

JGJ 160—2008《施工现场机械设备检查技术规程》

JG/T 189—2009《建筑起重机械安全评估技术规程》

JGJ 59—2011《建筑施工安全检查标准》

JGJ 46—2005《施工现场临时用电安全技术规范》

JGJ 302—2013《建筑施工升降设备设施检验标准》

2. 建筑起重机械技术标准、规范

GB 5144—2006《塔式起重机安全规范》

GB/T 5031—2008《塔式起重机》

GB/T 6974—2008《起重机》

GB/T 18874—2009《起重机供需双方应提供的资料》

GB/T 20303—2006《起重机司机室》

GB/T 20863—2007《起重机分级》

GB/T 23720—2010《起重机司机培训》

GB/T 23724—2010《起重机检查》

GB/T 23723—2010《起重机安全使用》

GB/T 23725—2010《起重机信息标牌》

GB/T 24809—2009《起重机机构要求》

GB/T 24810—2009《起重机限制器与指示器》

GB/T 24817—2009《起重机械控制装置布置形式和特征》

GB/T 24818—2009《起重机通道及安全防护设施》

GB/T 25195—2010《起重机图形符号》

GB/T 26471—2011《塔式起重机安装与拆卸规则》

JGJ 196—2010《建筑施工塔式起重机安装，使用，拆卸安全技术规程》

JGJ/T 187—2009《塔式起重机混凝土基础工程技术规程》

JGJ 215—2010《建筑施工升降机安装，使用，拆卸安全技术规程》

JGJ 100—1999《塔式起重机操作使用规程》

JGJ/T 301—2013《大型塔式起重机混凝土基础工程技术规程》

GB 10054—2005《施工升降机》

GB 10055—2007《施工升降机安全规程》

GB 26557—2011《吊笼有垂直导向的人货两用施工升降机》

JGJ 88—2010《龙门架及井架物料提升机安全技术规范》

3. 高处作业吊篮技术标准、规范

GB 19155—2003《高处作业吊篮》

JGJ 202—2010《建筑施工工具式脚手架安全技术规程》

4. 桩工机械技术标准、规范

GB 13749—2003《柴油打桩机安全操作规程》

GB 13750—2004《振动沉拔桩机安全操作规程》

GB 26545—2011《建筑施工机械与设备 钻孔设备安全规范》

GB/T 7920.6—2005《建筑施工机械与设备 打桩设备术语和商业规格》

GB/T 25695—2010《建筑施工机械与设备 旋挖钻机成孔施工通用规程》

JB/T 11108—2010《建筑施工机械与设备 筒式柴油打桩锤》

JB/T 10599—2006《振动桩锤》

GB 22361—2008《打桩设备安全规范》

GB 21682—2008《旋挖钻机》

JG/T 39—1999《潜水钻孔机技术条件》

JG/T 40—1999《潜水电动振冲器技术条件》

JG/T 5006—1992《桩架技术条件》

JG/T 5043—1993《转盘钻孔机技术条件》

JG/T 5107—1999《液压式压桩机》

JG/T 5108—1999《长螺旋钻孔机》

JG/T 5109—1999《导杆式柴油打桩锤》

5. 混凝土机械及设备技术标准、规范

GB/T 9142—2000《混凝土搅拌机》

GB/T 7920—2005《混凝土机械术语》

GB/T 25637—2010《建筑施工机械与设备 混凝土搅拌机》

GB/T 10171—2005《混凝土搅拌站（楼）》

GB/T 25638—2010《建筑施工机械与设备 混凝土泵》

GB/T 25650—2010《混凝土振动台》

GB/T 26408—2011《混凝土搅拌运输车》

GB/T 26409—2011《流动式混凝土泵》

GB 28395—2012《混凝土及灰浆输送 喷射 浇注机械安全要求》

JB/T 10704—2011《混凝土布料机》

JB/T 1185—2011《建筑施工机械与设备 干混砂浆搅拌机》

JB/T 1186—2011《建筑施工机械与设备 干混砂浆搅拌生产线》

JB/T 1187—2011《建筑施工机械与设备 混凝土输送管型式与尺寸》

JG/T 44—1999《电动软轴偏心插入式混凝土振动器》

JG/T 45—1999《电动软轴行星插入式混凝土振动器》

JG/T 46—1999《电动内装插入式混凝土振动器》

6. 钢筋机械技术标准、规范

JG/T 5022—92《钢筋冷拔机》

JG/T 5063—1995《钢筋电渣压力焊机》

JG/T 5080—1996《冷轧带肋钢筋成型机》

JG/T 5081—1996《钢筋弯曲机》

JG/T 5085—1996《钢筋切断机》

JG/T 5086—1996《钢筋调直切断机》

JG/T 5096—1997《预应力钢筋张拉机》

JG/T 94—1999《钢筋气压焊机》

JG/T 111—1999《钢筋切断机刀片》

JG/T 3058—1999《钢筋冷轧扭机组》

JG/T 145—2002《钢筋套筒挤压机》

JG/T 146—2002《钢筋直螺成型机》

7. 筑路机械技术标准、规范

GB/T1 66277—2008《沥青混凝土摊铺机》

GB/T 17808—2010《道路施工与养护机械设备 沥青混合料搅拌设备》

GB/T 25641—2010《道路施工与养护机械设备 沥青混合料厂拌热再生设备》

GB/T 25642—2010《道路施工与养护机械设备 沥青混合料转运机》

GB/T 25643—2010《道路施工与养护机械设备 路面铣刨机》

GB/T 25648—2010《道路施工与养护机械设备 稳定土拌和机》

GB/T 25649—2010《道路施工与养护机械设备 稀定土拌合机》

GB/T 25697—2010《道路施工与养护机械设备 沥青路面就地热再生复拌机》

GB 26504—2011《移动式道路施工机械与设备 通用安全要求》

GB 26505—2011《移动式道路施工机械与设备 摊铺机安全要求》

GB/T 28932—2012《道路施工与养护机械设备 热分式沥青混合料再生修补机》
GB/T 28393—2012《道路施工与养护机械设备 沥青碎石同步封层车》
GB/T 28394—2012《道路施工与养护机械设备 沥青路面微波加热装置》
JB/T 10954—2010《沥青路面就地再生预热机》

8. 土方机械设备技术标准、规范

GB 25684.1—2010《土方机械 安全 第1部分：通用要求》
GB 25684.2—2010《土方机械 安全 第2部分：推土机的要求》
GB 25684.3—2010《土方机械 安全 第3部分：装载机的要求》
GB 25684.4—2010《土方机械 安全 第4部分：挖掘装载机的要求》
GB 25684.5—2010《土方机械 安全 第5部分：液压挖掘机的要求》
GB 25684.6—2010《土方机械 安全 第6部分：自卸车的要求》
GB 25684.7—2010《土方机械 安全 第7部分：铲运机的要求》
GB 25684.8—2010《土方机械 安全 第8部分：平地机的要求》

9. 其他机械设备技术标准、规范

GB 25684—2010《土方机械》
JG/T 5013—1992《振动平板夯》
JG/T 5014—1992《振动冲击夯》
JB/T 5957—2007《综合养护车术语》

二、建筑起重机械关键零部件

（一）钢　丝　绳

钢丝绳是一种具有强度高、弹性好、自重轻及绕性好的重要构件，钢丝绳由于绕性好，承载能力大，传动平稳无噪声，工作可靠，被广泛用于机械、造船、采矿、冶金以及林业等多种行业，是起重机械的重要零部件。

1. 钢丝绳分类

钢丝绳的种类较多，施工现场起重作业一般使用圆股钢丝绳。按《重要用途钢丝绳》（GB 8918—2006）标准，钢丝绳分类如下：

（1）按绳和股的断面、股数和股外层钢丝绳的数目分类，见表 2-1。

钢丝绳分类　　　　　　　　　　　　　　　　　　　　　　　表 2-1

组别	类　别	分类原则	典型结构		直径范围（mm）
			钢丝绳	股绳	
1	6×7	6 个圆股，每股外层丝可到 7 根，中心丝（或无）外捻制 1～2 层钢丝，钢丝等捻距	6×7 6×9W	(6+1) (3/3+3)	2～36 14～36
2	6×19（a）	6 个圆股，每股外层丝可到 8～12 根，中心丝外捻制 2～3 层钢丝，钢丝等捻距	6×19S 6×19W 6×25Fᵢ 6×26SW 6×31SW	(9+9+1) (6/6+6+1) (12+6F+6+1) (10+5/5+5+1) (12+6/6+6+1)	6～36 6～41 14～44 13～40 12～46
	6×19（b）	6 个圆股，每股外层丝可到 12 根，中心丝外捻制 2 层钢丝	6×19	(12+6+1)	3～46
3	6×37（a）	6 个圆股，每股外层丝可到 14～18 根，中心丝外捻制 3～4 层钢丝，钢丝等捻距	6×29Fᵢ 6×36SW 6×37S （点线接触） 6×41SW 6×49SWS 6×55SWS	(14+7F+7+1) (14+7/7+7+1) (15+15+6+1) (16+8/8+8+1) (16+8/8+8+1) (18+9/9+9+9+1)	10～44 12～60 10～60 32～60 36～60 36～64
	6×37（b）	6 个圆股，每股外层丝可到 8 根，中心丝外捻制 3 层钢丝	6×37	(18+12+6+1)	5～66
4	8×19	8 个圆股，每股外层丝可到 8～12 根，中心丝外捻制 2～3 层钢丝，钢丝等捻距	8×19S 8×19W 8×25 Fᵢ 8×26SW 8×31SW	(9+9+1) (6/6+6+1) (12+6F+6+1) (10+5/5+6+1) (12+6/6+6+1)	11～44 10～48 18～52 16～48 14～56

（组别 3 的类别栏合并显示"圆股钢丝绳"）

续表

组别	类别	分类原则	典型结构		直径范围（mm）
			钢丝绳	股绳	
5	8×37	8 个圆股，每股外层丝可到 14～18 根，中心丝外捻制 2～3 层丝，钢丝等捻距	8×36SW 8×41SW 8×49SWS 8×55SWS	(14+7/7+7+1) (16+8/8+8+1) (16+8/8+8+8+1) (19+9/9+9+9+1)	14～60 40～56 44～64 44～4
6	圆股钢丝绳 17×7	钢丝绳中有 17 个或 18 个圆股，在纤维芯或钢芯外捻制 2 层股	17×7 18×7 18×19W 18×19S 18×19	(6+1) (6+1) (6/6+6+1) (9+9+1) (12+6+1)	6～44 6～44 14～44 14～44 10～44
7	34×7	钢丝绳中有 34 个或 36 个圆股，在纤维芯或钢芯外捻制 3 层股	34×7 36×7	(6+1) (6+1)	16～44 16～44
8	6×24	6 个圆股，每股外层丝可到 12～16 根，在纤维芯外捻制 2 层股	6×24 6×24S 6×24W	(15+9+FC) (12+12+FC) (8/8+8+FC)	8～40 10～44 10～44

（2）钢丝绳按捻法，分为右交互捻（ZS）、左交互捻（SZ）、右同向捻（ZZ）和左同向捻（SS）4 种，如图 2-1 所示。

（3）钢丝绳按绳芯不同，分为纤维芯和钢芯。纤维芯钢丝绳比较柔软，易弯曲，纤维芯可浸油作润滑、防锈，减少钢丝间的摩擦；金属芯的钢丝绳耐高温、耐重压、硬度大、不易弯曲。

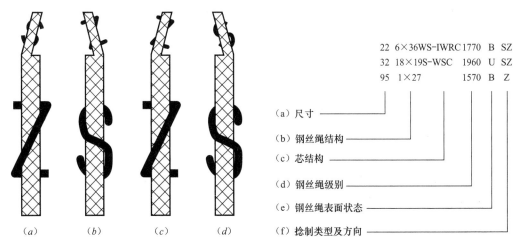

图 2-1　钢丝绳按捻法分类图
（a）右交互捻；（b）左交互捻；（c）右同向捻；（d）左同向捻

图 2-2　钢丝绳的标记示例

钢丝绳标记依据国家标准《钢丝绳 术语、标记和分类》（GB/T 8706—2006），钢丝绳的标记示例如图 2-2 所示。钢丝绳的直径用游标卡尺测量，其测量方法如图 2-3 所示。正确的测量方法为图（a），错误的测量方法为图（b）。

2. 钢丝绳的选用原则

钢丝绳必须满足下列要求：能承受所要求的拉力，并且具有足够的安全裕度；能限制

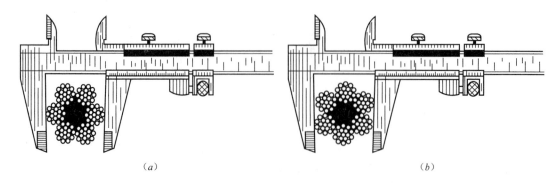

$$(a) \qquad\qquad\qquad (b)$$

图 2-3　钢丝绳直径测量方法示意图

钢丝绳升降时的扭转作用；耐疲劳，能承受反复弯曲和振动作用；有较好的耐磨性能；耐腐蚀。显然，在以上五项条件中，以第一项即钢丝绳的强度必须留有足够的安全裕度最为重要。安全裕度即通常所谓的安全系数，其表达公式是：

$$钢丝绳安全系数 = \frac{钢丝绳总破断力}{最大安全荷载}$$

根据给定的安全系数，从钢丝绳力学性能表中查得的钢丝绳总破断力后，就可依据下式求得钢丝绳最大允许安全荷载：

$$钢丝绳最大允许安全荷载 = \frac{钢丝绳总破断力（查表）}{给定安全系数}$$

影响钢丝绳寿命的因素有很多，主要有以下几方面：

（1）钢丝绳的磨损、断丝、疲劳破坏、锈蚀、错误使用、尺寸误差、制造质量不佳等不利因素带来的影响；

（2）固定钢丝绳的夹具不坚固；

（3）由于惯性及加速作用（如起动、制动、摇摆、振动等）而造成的附加荷载的作用；

（4）钢丝绳通过滑轮绳槽所遇到的摩擦阻力的作用；

（5）吊索及吊具的超重影响；

（6）钢丝绳在绳槽中反复弯曲挤压。

因此起重机用钢丝绳必须留有足够安全系数，常用钢丝绳安全系数见表 2-2。但应注意，绝不可凭借这种安全储备而擅自提高钢丝绳的最大允许安全荷载。

钢丝绳的安全系数	表 2-2
钢丝绳用途	安全系数
一般起重机用钢丝绳	5.5
冶金铸造用钢丝绳	6
手动起重机用钢丝绳	4.5
缆风绳用钢丝绳	3.5
吊索作业用钢丝绳	9
捆绑重物用钢丝绳	8
载人用的升降机钢丝绳	14

3. 钢丝绳的使用

（1）保持钢丝绳表面清洁，定期涂钢丝绳保护油脂（每月至少2次），保证绳蕊有足够钢丝绳润滑油。

（2）防止钢丝绳打结，不穿过破损滑轮及不转动或偏斜的滑轮，运行中不刮碰其他物体，不准拖地使用。

（3）钢丝绳通过卷筒、滑轮直径不能太小、轮槽半径R合理，一般半径$R=(0.54-0.6)d$钢丝直径，卷筒直径不能过小。

（4）旧钢丝绳吊装时发生从内向外径走油现象与内部锈蚀严重应停止使用。

（5）新更换的钢丝绳应与原安装的钢丝绳同类型、同规格。如采用不同类型的钢丝绳，应保证新换钢丝绳性能不低于原钢丝绳，并能与卷筒和滑轮的槽形相符，钢丝绳捻向应与卷筒绳槽螺旋方向一致，单层卷绕时应设导绳器加以保护以防乱绳。

（6）新装或更换钢丝绳时，从卷轴或钢丝绳卷上抽出钢丝绳应注意防止钢丝绳打环、扭结、弯折或粘上杂物。

（7）新装或更换钢丝绳时，截取钢丝绳应在截取两端处用细钢丝扎结牢固，防止切断后绳股松散。

（8）对运动的钢丝绳与机械某部位发生摩擦接触时，应在机械接触部位加适当保护措施；对于捆绑绳与吊载棱角接触时，应在钢丝绳与吊载棱角之间加垫木或铜板等保护措施，以防钢丝因机械割伤而破断。

（9）起升钢丝绳不准斜吊，以防钢丝绳乱绳出现故障。

（10）严禁超载起吊，应安装超载限制器或力矩限制器加以保护。

（11）在使用中应尽量避免突然的冲击振动。

4. 钢丝绳的报废

钢丝绳在使用过程中通过滑轮绳槽和卷筒绳槽，不断地受到拉伸、弯曲和挤压的反复作用，疲劳断丝现象逐渐发生和发展，同时由于磨损、锈蚀及其他因素的影响，通常会加剧钢丝绳断丝的发展，最终使钢丝绳完全失效。钢丝绳的报废标准应符合《起重机械用钢丝绳检验和报废使用规范》GB 5972—2006的规定。其中常见的断丝报废标准见表2-3。

圆股钢丝绳中断丝根数的控制标准　　　　　表2-3

外层绳股承载钢丝数 n	钢丝绳典型结构 (GB 8918—2006 GB/T 20118—2006)	起重机用钢丝绳必须报废时与疲劳有关的可见断丝数							
		机构工作级别 M1、M2、M3、M4				机构工作级别 M5、M6、M7、M8			
		交互捻		同向捻		交互捻		同向捻	
		长度范围				长度范围			
		≤6d	≤30d	≤6d	≤30d	≤6d	≤30d	≤6d	≤30d
≤50	6×7	2	4	1	2	4	8	2	4
51≤n≥75	6×19S*	3	6	2	3	6	12	3	6

续表

外层绳股承载钢丝数 n	钢丝绳典型结构 (GB 8918—2006 GB/T 20118—2006)	起重机用钢丝绳必须报废时与疲劳有关的可见断丝数							
		机构工作级别 M1、M2、M3、M4				机构工作级别 M5、M6、M7、M8			
		交互捻		同向捻		交互捻		同向捻	
		长度范围				长度范围			
		$\leqslant 6d$	$\leqslant 30d$	$\leqslant 6d$	$\leqslant 30d$	$\leqslant 6d$	$\leqslant 30d$	$\leqslant 6d$	$\leqslant 30d$
$76 \leqslant n \geqslant 100$		4	8	2	4	8	15	4	8
$101 \leqslant n \geqslant 120$	8×19S* 6X25Fi	5	10	2	5	10	19	5	10
$121 \leqslant n \geqslant 140$		6	11	3	6	11	22	6	11
$141 \leqslant n \geqslant 160$	8×25Fi	6	13	3	6	13	26	6	13
$161 \leqslant n \geqslant 180$	6×36WS*	7	14	4	7	14	29	7	14
$181 \leqslant n \geqslant 200$		8	16	4	8	16	32	8	16
$201 \leqslant n \geqslant 220$	6×41WS*	8	18	4	9	18	38	9	18
$221 \leqslant n \geqslant 240$	6×37	10	19	5	10	19	38	10	19
$241 \leqslant n \geqslant 260$		10	21	5	10	21	42	10	21
$261 \leqslant n \geqslant 280$		11	22	6	11	22	45	11	22
$281 \sim 300$		12	24	6	12	24	48	12	24
$300 < n$		0.04n	0.08n	0.02n	0.04n	0.08n	0.16n	0.04n	0.08n

注：1. 填充钢丝不是承载钢丝，因此检验中要予以扣除。多层绳股钢丝绳仅考虑可见的外层，带钢芯的钢丝绳，其绳芯看作内部绳股而不予考虑。

2. 统计绳中的可见断丝数时，圆整至整数时。对外层绳股的钢丝直径大于标准直径的特定结构的钢丝绳，在表中做降低等级处理，并以＊号表示。

3. 一根断丝可能有两处可见端。

4. d 为钢丝绳公称直径。

5. 钢丝绳典型结构与国际标准的钢丝绳典型结构是一致的。

（二）滑轮与滑轮组

起重机械中，吊钩滑轮及滑轮组、臂杆杆头滑轮组、变幅滑轮、导向轮等，分别起着省力或者改变力的方向等作用，吊钩滑轮与臂杆头滑轮之间穿绕钢丝绳的股数决定吊车额定起重量，决定吊装重量和吊装速度。

1. 起重机滑轮组倍率

滑轮组倍率是指在起升机构中承载钢丝绳的绳股数与返回卷筒钢丝绳头数比，又叫省力滑轮（动滑轮）组省力的倍数，也是减速的倍数。

滑轮组倍率大小，对驱动装置总体尺寸有较大的影响。倍率增加时，钢丝绳每个分支拉力减小，卷筒直径也可减小。但在起升高度一定时，卷筒长度要增加，而且在起升速度不变时，需提高卷筒转数。滑轮组倍率不是越大越好，而要根据起重量按标准确定。

2. 滑轮组的效率

由于滑轮的转动需要克服一定的摩擦阻力和钢丝绳僵性阻力，所以钢丝绳在穿过滑轮

组的过程中，传递的能量有些损失，用滑轮组的效率表示，滑轮组的效率与滑轮内轴承种
类及滑轮组的倍率有关。滑轮组效率见表 2-4

<table>
<tr><td rowspan="2">滑轮组轴承类型</td><td colspan="7" style="text-align:center">滑轮组倍率</td></tr>
<tr><td>2</td><td>3</td><td>4</td><td>5</td><td>6</td><td>8</td><td>10</td></tr>
<tr><td>滑动轴承</td><td>0.98</td><td>0.95</td><td>0.93</td><td>0.90</td><td>0.88</td><td>0.84</td><td>0.80</td></tr>
<tr><td>滚动轴承</td><td>0.99</td><td>0.985</td><td>0.98</td><td>0.97</td><td>0.96</td><td>0.95</td><td>0.92</td></tr>
</table>

滑轮组效率　　　　　　　　　　　　　　表 2-4

3. 滑轮的报废标准

滑轮在运行中直接影响吊装作业，因此要经常查看滑轮有无磨损不均、裂纹、轮边出
现缺口破损、轴承摆动、是否发热，滑轮是否摆动力量过大，滑轮轴径是否变细，轴承是
否磨损量过大，万不可疏忽大意，造成吊装卡滞或剧烈抖动。所以在滑轮组润滑上要定期
注油，紧固轴丝，发现问题要立即检修与维护，滑轮构造如图 2-4 所示。

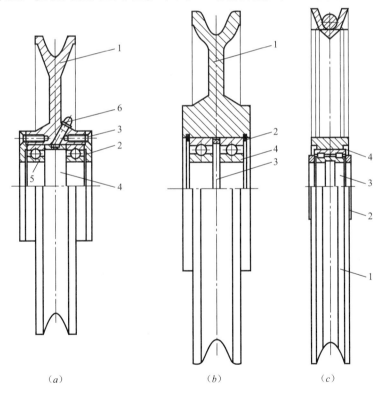

图 2-4　三种不同滑轮总成示意图

(*a*) 单独滑轮总成

1—滑轮；2—压盖；3—沉头螺钉；4—隔离套；5—向心球轴承；6—压注油杯

(*b*) 滑轮组中的滑轮总成

1—滑轮；2—挡圈；3—隔离环；4—向心球轴承

(*c*) 焊制滑轮总成

1—滑轮；2—隔离环；3—圆柱滚子轴承；4—定位卡圈

滑轮有下列情况之一的应予以报废：

(1) 裂纹或轮缘破损；

(2) 滑轮绳槽壁厚磨损量达原壁厚的 20%；

(3) 滑轮槽底的磨损量超过相应钢丝绳直径的 25%。

（三）吊　　钩

吊钩是起重机械的重要部件，吊钩一般采用具有韧性的优质低碳镇静钢或优质低碳合金钢钢材锻制而成。每个吊钩上都有生产厂的铭牌说明其载重量，不得超负荷使用。吊钩表面应光滑，无裂纹、锐角、毛刺、刻痕等。

1. 吊钩的种类

吊钩可分为单钩、双钩和吊环三种，在结构吊装中主要用单钩。塔式起重机使用的吊钩是和吊钩挂架组合在一起使用的。吊钩挂架实质是滑轮系中的动滑轮，滑轮轴安装在两块钢板做的夹板中间，配有青铜轴套的滑轮装在轴上，并能自由旋转。在夹板的下部固定一横梁，吊钩即用螺母固定在横梁上。吊钩组如图 2-5 所示。

2. 吊钩使用注意事项

(1) 吊钩应具有制造单位合格证书等文件；

(2) 对于经常使用的吊钩，应随时进行检查；

(3) 吊钩在吊重时应将吊索挂到钩底；

(4) 不得使用铸造吊钩，严禁补焊；

(5) 吊钩应设有防脱装置并保持有效状态，防脱装置一般采用机械卡环式挡板，见图 2-6；

(6) 吊钩轴承应定期进行润滑。

3. 吊钩报废标准

吊钩有下列情况之一的应予以报废：

(1) 用 20 倍放大镜观察表面有裂纹；

(2) 钩尾和螺纹部分等危险截面及钩筋有永久性变形；

(3) 挂绳处截面磨损量超过原高度的 10%；

(4) 心轴磨损量超过其直径的 5%；

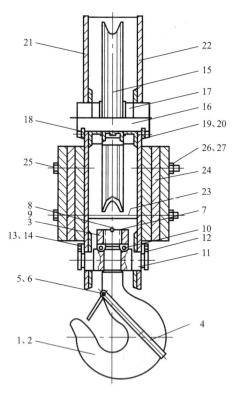

图 2-5　单滑轮吊钩组

1、2—吊钩；3—锁固螺母；4—防脱棘爪操作柄；5、6—螺栓及开中锁；7—锁固垫；8、9—螺栓和弹簧垫圈；10—推力轴承；11—扁担横梁；12—止动挡板；13、14—螺栓和弹簧垫圈；15—滑轮总成；16—滑轮轴；17—挡圈；18—轴端止动挡板；19、20—螺栓和弹簧垫圈；21、22—夹板；23—钢丝绳防脱导辊；24—配重块；25—螺栓；26、27—螺母的弹簧垫圈

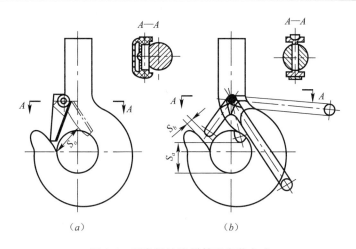

图 2-6　两类吊钩防脱棘爪安装方式

（a）装有罩盖弹簧式防脱棘爪的吊钩；（b）装有操纵手柄防脱棘爪的吊钩

（5）开口度比原尺寸增加 15%；

（6）勾尖扭转超过 10°。

（四）卷　　筒

卷筒在卷扬机构中用来缠绕钢丝绳以传递动力，卷筒由卷筒体、卷筒轴、齿轮、联轴节、轴承支架等部件组成。卷筒轴通过齿轮联轴节与减速器连接。

1. 卷筒的分类

按照钢丝绳在卷筒上卷绕方式，分为单层卷绕与多层卷绕两种方式。

（1）单层绕卷筒

单层绕卷筒表面通常切出螺旋槽，钢丝绳依次卷绕在槽内，使绳索与卷筒接触面积增大，单位压力降低；因为绳槽节距大于钢丝绳直径，所以避免了钢丝绳之间的相互摩擦，从而延长了钢丝绳的使用寿命。

单层绕卷筒按槽的深浅分为标准槽与深槽两种。一般情况下多采用标准槽，因其节距比深槽小，所以在绳槽圈数相同时，标准槽卷筒长度较深槽的短。当钢丝绳绕入卷筒的偏角较大，或在使用中钢丝绳有脱槽危险时，为避免钢丝绳的脱槽或乱绕，可采用深槽卷筒。

单联滑轮组的卷筒采用单螺旋槽（常用右旋槽），双联滑轮组的卷筒采用双螺旋槽（一边左旋，一边右旋）。

（2）多层绕卷筒

多层绕卷筒用于起升高度很大，而卷筒长度又受限制的情况，如汽车起重机。多层绕卷筒一般制成光面，它的主要缺点是内层钢丝绳受到外层钢丝绳的挤压；在卷绕过程中相邻绳圈之间有摩擦，使绳索寿命降低。此外，在绳索拉力不变时，载荷力矩随卷筒上绳索层数的不同而变化，造成载荷力矩不稳定。为改善钢丝绳在卷筒上的接触状态，提高绳索的寿命，目前也有采用切螺旋槽的多层绕卷筒。

卷筒制作采用铸造或焊接，也有采用无缝钢管加工制作。铸造卷筒一般采用不低于 HT200 的铸铁，特殊需要时用 ZG230—450、ZG270—500 铸钢，铸钢卷筒由于成本高、生产限于铸造工艺，壁厚不能减小很多，因而很少采用。重要卷筒可以采用球墨铸铁。为减轻重量，大型卷筒多用 Q285—A、16Mn 钢板卷成筒形焊接而成，尤其适用于单件生产。

现在塔式起重机起升机构趋向于采用大直径双折线槽卷筒，能有效地改善钢丝绳的排绳状况，减小钢丝绳的摆角，提高钢丝绳卷筒的使用寿命；

2. 卷筒的安全使用要求

（1）卷筒上钢丝绳尾端的固定装置，应有防松或自紧的性能。

（2）卷筒两侧边缘应超过最外层钢丝绳的高度，且不小于钢丝绳直径的两倍。

（3）卷筒上应设置钢丝绳防脱槽装置。

（4）卷筒上的钢丝绳应排列整齐，如发现重叠和斜绕时，应停机重新排列。严禁在转动中用手、脚拉踩钢丝绳。钢丝绳不许完全放出，最少应保留三圈。

（5）卷筒出现下列情况之一时应报废：①裂纹或破损；②卷筒壁磨损量超过原来壁厚的 10%。

（五）制　动　器

制动器按结构特征分有块式制动器、盘式制动器、带式制动器等。

按工作状态分有常闭式制动器和常开式制动器。常闭式制动器就是经常处于闭闸状态，只有工作需要时可通过人力、气动、电磁铁和电力液压推动器等设施使制动器开闸工作；而常开式制动器却与此相反，它经常处于开闸状态，当工作需要时施加外力使制动器闭闸工作。

1. 电磁铁块式制动器

电磁铁块式制动器由制动瓦块、制动臂、制动轮和松闸器组成。常把制动轮作为联轴器的一个半体安装在机构的转动轴上，对称布置的制动臂与机架固定部分铰连，内侧附有摩擦材料的两个制动瓦块分别活动铰接在两制动臂上，在松闸器上闸力的作用下，成对的制动瓦块在径向抱紧制动轮而产生制动力矩。

图 2-7 为短行程块式制动器，其优点是动作迅速，电磁铁行程较小以及重量和外形尺寸较小，在起重运输机械中广泛应用；其缺点是工作冲击大，噪声大，电磁铁寿命短。这种制动器所需的电磁铁吸力很大，当制动轮直径超过 300mm 时，电磁铁的尺寸、重量及电能消耗等都急剧增加。因此短行程块式制动器一般适用于制动轮直径小于 300mm 的中小型制动器。

短行程块式制动器有五种型号：JWZ－100，JWZ－200/100，JWZ－200，JWZ－300/200，JWZ－300；相对应电磁铁型号为 MZD1－100，MZD1－100，MZD1－200，MZD1－200，MZD1－300。短行程块式制动器标记为：JWZ－200/100 型制动器，JWZ 表示交流短行程电磁铁双瓦块制动器；200 表示制动轮直径为 200mm；100 表示所配用的

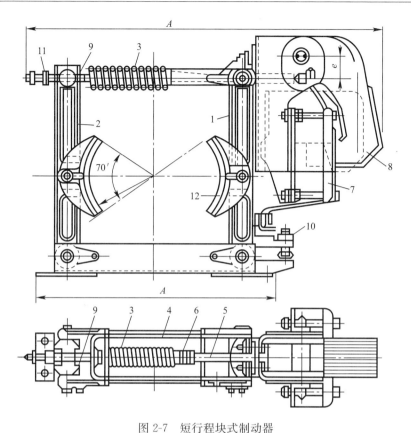

图 2-7　短行程块式制动器

1、2—制动臂；3—主弹簧；4—框形拉板；5—推杆；6—调整螺栓；

7—电磁铁；8—动铁芯；9—辅助弹簧；10—调整螺钉；11—调整螺母；12—闸瓦

是 MZD1—100 型号单相交流短行程电磁铁。

例：JWZ—300 型制动器

说明：JWZ——交流短行程电磁铁双瓦块制动器；

300——制动轮直径为 300mm。

电磁铁的型号未加注明，表明所配用的电磁铁号与制动轮直径的数码相同，即配用 300 号的交流短行程电磁铁，符号为 MZDl—300。

短行程块式制动器还有一种型号为 TJ2 型。其中 T 表示短行程，J 表示交流电，TJ2 型与 JWZ 型相比基本相同，所不同的是 JWZ 型制动器的制动臂是由 ZG35 铸钢制造，而 TJ2 型是由型钢制造，另外外形尺寸及安装尺寸也略有差别。

2. 液压推杆块式制动器

液压推杆块式制动器的结构如图 2-8 所示。它的驱动装置为液压推杆装置，其制动力来自主弹簧。液压推杆块式制动器的工作机理是：当机构电动机通电时，驱动装置的电动机也通电，使电动机轴上的叶轮旋转，叶轮腔体内的液体在离心力作用下被甩出来，这些具有一定压力的液体作用在活塞的下部，推动活塞上升，同时推动导向杆上升，使制动臂带动制动瓦块与制动轮分离。当机构断电时，机构主电动机与制动驱动电动机同时断电，叶轮停止转动，活塞下部的液体失去压力，在主弹簧张力的作用下使推杆向下运动，制动瓦块将制动轮抱住，达到制动目的。

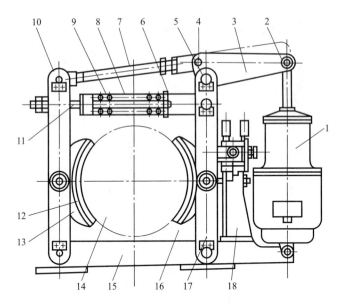

图 2-8　液压电磁推杆块式制动器结构图

1—液压电磁铁；2—杠杆；3、4—销轴；5—挡板；6—螺杆；7—弹簧架；8—主弹簧；9—左制动臂；
10—拉杆；11、14—瓦块；12—制动轮；13—支架；15—右制动臂；16—自动补偿器；17—推杆

　　YWZ 系列液压推杆块式制动器具有起动与制动平稳、无噪声、允许开闭次数多、能达到每小时 600 次以上、推力恒定、结构紧凑、调整维修方便、安全可靠、节约用电等优点。

3. 常见型号及技术参数

　　短行程电磁铁块式制动器和液压推杆块式制动器技术指标见表 2-5、表 2-6。

TJ2 系列短行程电磁铁块式制动器的技术指标　　　　表 2-5

制动器型号	制动轮直径（mm）	制动力矩（N·m）	电磁铁型号	电磁铁力矩（N·m）	衔铁额定行程（mm）
TJ2-200	200	180	MZD1-200	40	50
TJ2-300	300	500	MZD1-300	100	50

YWZ8 系列液压推杆块式制动器的技术指标　　　　表 2-6

制动器型号	制动轮直径（mm）	制动力矩（N·m）	液压推动器型号	额定推力（N）	额定行程（mm）	电机功率（kW）
YWZ8-200/E23	200	200	ED-23/5	220	50	0.12
YWZ8-300/E30	300	320	ED-30/5	300	50	0.18
YWZ8-400/E50	400	1000	ED-50/6	750	60	0.25
YWZ8-400/E80	400	1600	ED-80/6	1300	60	0.37

三、常见建筑机械的类型及技术性能

（一）建筑起重机械

1. 塔式起重机

（1）塔式起重机的分类

塔式起重机的应用广泛，类型较多，通常按以下进行分类。

按结构型式分：

1）固定式：通过连接件将塔身机架固定在地基基础或结构物上，进行起重作业的塔式起重机。

2）移动式：具有运行装置，可以行走的塔式起重机。

3）自升式：可通过自身的专门装置，增、减塔身标准节来改变起升高度的塔式起重机。分为附着式塔式起重机（通过附墙支撑装置将塔身锚固在建筑物上的自升塔式起重机）和内爬式塔式起重机（设置在建筑物内部，通过支承在结构物上的专门装置，使整机能随着建筑物的高度增加而升高的塔式起重机）。

按回转形式分：

1）上回转塔式起重机：将回转支承，平衡重，主要机构均设置在上端，其优点是由于塔身不回转，可简化塔身下部结构、顶升加节方便。缺点是：当建筑物超过塔身高度时，由于平衡臂的影响，限制起重机的回转，同时重心较高，风压增大，压重增加，使整机总重量增加。

2）下回转塔式起重机：将回转支承、平衡重主要机构等均设置在下端，其优点是：塔身所受弯矩较少，重心低，稳定性好，安装维修方便，缺点是对回转支承要求较高，安装高度受到限制。

按架设方法分：

1）非自行架设：依靠其他起重设备进行组装架设成整机的塔式起重机。主要用于中高层建筑及工作幅度大，起重量大的场所，是目前建筑工地上的主要机种。

2）自行架设：依靠自身的动力装置和机构能实现运输状态与工作状态相互转换的塔式起重机。

能自行架设的塔机都属于中小型快装式下回转塔式起重机，主要用于工期短，要求频繁移动的低层建筑上，主要优点是能提高工作效率，节省安装成本，省时省工省料，缺点是结构复杂，维修量大。

按变幅方式分：

1）动臂变幅塔式起重机（图 3-1a）是靠起重臂仰俯来实现变幅的。其优点是：能充分发挥起重臂的有效高度，能带负荷变幅。缺点是最小幅度被限制在最大幅度的 5%～10% 左右，吊重时，被吊构件不能完全靠近塔身。

2）小车变幅式塔式起重机（图 3-1b）是靠水平起重臂上的小车行走实现变幅的。其优点是：变幅范围大，变幅载重小车可驶近塔身，并能带负荷变幅。

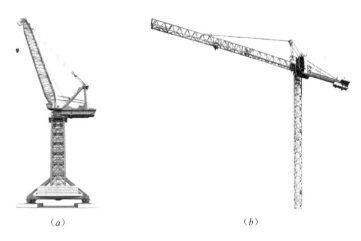

（a）　　　　　　　　　　　　（b）

图 3-1　塔式起重机变幅方式

（a）动臂变幅式；（b）小车变幅式

3）折臂式：根据起重作业的需要，臂架可以弯折的塔式起重机。它可以同时具备动臂变幅和小车变幅的性能。

按臂架支承形式分：

按臂架支承形式小车变幅塔式起重机又可分为平头式塔式起重机（图 3-2）和非平头式塔式起重机如图 3-3 所示。

图 3-2　平头式塔式起重机

图 3-3　非平头式塔式起重机

平头式塔式起重机是最近几年发展起来的一种新型机种，特点是在原自升式塔式起重机的结构上取消了塔帽及其前后拉杆部分，无塔帽和臂架拉杆，增强了大臂和平衡臂的结构强度，大臂和平衡臂直接相连。由于臂架采用无拉杆式，很大程度上方便了空中变臂、拆臂等操作，避免了空中安装拆卸起重臂拉杆的复杂性及危险性。结构形式更简单，有利于受力，减轻自重，简化构造等优点。缺点是在同类型塔式起重机中平头式塔式起重机价格高。

（2）塔式起重机的特点

1）工作高度高，有效起升高度大，特别有利于分层、分段安装作业，能满足全高度的建筑物垂直运输；

2）塔式起重机的起重臂较长，其水平覆盖面广；

3）塔式起重机具有多种工作速度、多种作业性能，生产效率高；

4）塔式起重机的驾驶室一般设在与起重臂同等高度的位置，司机的视野开阔；

5）塔式起重机的构造较为简单，维修、保养方便。

（3）塔式起重机的主要性能参数

塔式起重机的主要技术性能参数包括起重力矩、起重量、幅度、起升高度等。

1）起重力矩

起重量与相应幅度的乘积为起重力矩，单位为 kN·m。

额定起重力矩是塔式起重机工作能力的最重要参数，它是塔式起重机工作时保持塔式起重机稳定性的控制值。塔式起重机的起重量随着幅度的增加而相应递减。

为防止塔式起重机在工作时，因操作或判断失误造成超力矩而发生事故，塔式起重机必须安装力矩限制器。其工作原理是当力矩增大达到额定力矩时，发生弹性形变而触发限位开关动作，使起升机构不能动作，小车也不能向外变幅。另外，当达到80％额定力矩之后，小车自动切断高速，只能慢速向前，防止因惯性而超力矩。

2）幅度

幅度是指从塔式起重机回转中心至吊钩中心的水平距离，通常称回转半径或工作半径。

动臂变幅式塔式起重机的幅度与起重臂的仰角有关，幅度随仰角增大而减小。小车变幅式的起重臂始终是水平的，变幅的范围较大，因此小车变幅的起重机在工作幅度上占优势。相比较与动臂变幅式变幅范围略小于平臂小车变幅式的变幅范围，但动臂变幅式的起重机在工作高度上占优势。

3）起重量

塔机在正常工作条件下，允许吊起的起重量。图 3-4 所示是一台 QTZ63 塔机的起重特性曲线，上面一条曲线是 4 倍率工作状态时的起重特性，最大起重量是 6000kg；下面一条曲线是 2 倍率工作状态时的起重特性，最大起重量是 3000kg。

4）起升高度

起升高度也称吊钩有效高度，是从塔式起重机基础基准表面（或行走轨道顶面）到吊钩支承面的垂直距离。

为防止塔式起重机吊钩起升超高而损坏设备发生事故，塔式起重机必须安装高度限位器。

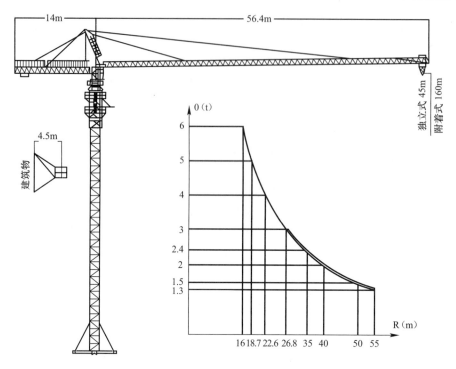

图 3-4　QTZ63 塔机的起重特性曲线

5) 实例

常见塔式起重机的型号及主要技术性能参数见表 3-1。

常见塔式起重机的型号及主要技术性能参数表　　　　表 3-1

性能参数		型号	QTZ60	QTZ63	QT80A	QTZ100	F0/23B
起重力矩（kN·m）			600	630	1000	1000	1450
最大幅度（m）/起升载荷（kN）			45/11.2	48/11.9	50/15	60/12	50/23
最小幅度（m）/起升载荷（kN）			12.25/60	12.76/60	12.5/80	15/80	14.5/10
起升高度（m）	附着式		100	101	120	180	203
	轨道式		—	—	45.5	—	—
	固定式		39.5	41	45.5	50	59.8
	内爬升式		160	—	140	—	—
工作速度（m/min）	起升（2绳）（4绳）		32.7～100 16.3～50	12～80 6～40	29.5～100 14.5～50	10～100 5～50	0～100 0～50
	变幅		30～60	22～44	22.5	34～52	30～60
	行走		—	—	18	—	12.5～25
电机功率（kW）	起升		22	30	30	30	51.5
	变幅（小车）		4.4	4.5	3.5	5.5	4.4
	回转		4.4	5.5	3.7×2	4×2	4×2
	行走		—	—	7.5×2	—	4×3.7
	顶升		5.5	4	7.5	7.5	7.5

续表

性能参数 \ 型号		QTZ60	QTZ63	QT80A	QTZ100	F0/23B
质量（kg）	平衡质量	12900	4000～7000	10400	7400～11000	9300～16100
	压重	52000	14000	56000	26000	116600
	自身质量	33000	31000～32000	49500	48000～50000	57800～69000
	总质量	97900	—	115900	—	—
起重臂长（m）		35/40/45	48	50	60	50
平衡臂长（m）		9.5	14	11.9	17.01	11.3
轴距×轨距/(m×m)		—	—	5×5	—	—

（4）塔式起重机的构造

塔式起重机由钢结构件、工作机构、电气系统和安全保护装置，以及与外部支撑的附加设施等组成。

1）钢结构件，主要由底座、塔身基础节、塔身标准节、回转平台、回转过渡节、塔顶、起重臂、平衡臂、拉杆、司机室、附着装置等部分组成，图3-5所示。

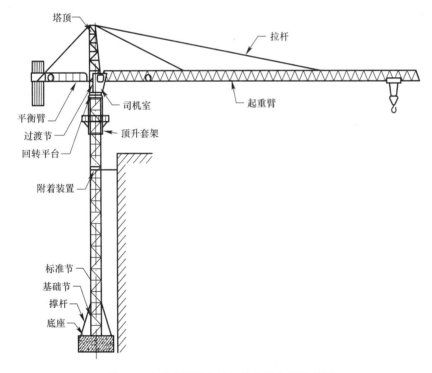

图 3-5　自升式塔机各结构件名称位置示意图

2）工作机构，包括起升机构、行走机构、变幅机构、回转机构、液压顶升机构等；

3）电气系统，由驱动、控制等电气装置组成；

4）安全装置，主要包括起重量限制器、起重力矩限制器、起升高度限位器、幅度限位器、回转限位器、运行限位器、小车断绳保护装置、小车防坠落装置、抗风防滑装置、钢丝绳防脱装置、报警装置、风速仪、工作空间限制器等。主要安全装置安装位置如图3-6所示。

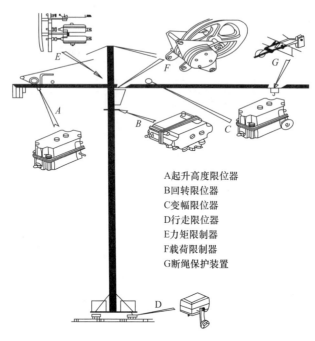

A 起升高度限位器
B 回转限位器
C 变幅限位器
D 行走限位器
E 力矩限制器
F 载荷限制器
G 断绳保护装置

图 3-6　塔式起重机安全装置示意

（5）塔式起重机的工作机构

塔式起重机的工作机构有起升机构、变幅机构、回转机构、行走机构和液压顶升机构等。

1）起升机构

起升机构通常由起升卷扬机、电气控制系统、钢丝绳、滑轮组及吊钩等组成。如图3-7所示。

图 3-7　起升机构

起升卷扬机是起升机构的驱动装置，由电动机、制动器、变速箱、联轴器、卷筒等组成。其工作原理是电机通电后通过联轴器带动变速箱进而带动卷筒转动，电机正转时，卷筒放出钢丝绳；电机反转时，卷筒收回钢丝绳，通过滑轮组及吊钩把重物提升或下降。

为提高塔式起重机工作效率，起升机构应有多种速度。在轻载和空钩下降以及起升高度较大时，均要求有较高的工作速度，以提高塔式起重机的工作效率。在重载或运送大件物品以及重物高速下降至接近安装就位时，为了安全可靠和准确就位要求较低工作速度。各种不同的速度档位对应于不同的起重量，以符合重载低速、轻载高速的要求。为防止起升机构发生超载事故，有级变速的起升机构对载荷升降过程中的换挡应有明确的规定，并设有相应的载荷限制器和高度限位置器等安全装置。

2）变幅机构

塔式起重机的变幅机构由电动机、变速箱、卷筒、制动器和机架组成（见图 3-8）。

塔式起重机的变幅方式基本上有两类：一类是起重臂为水平形式，载重小车沿起重臂上的轨道移动而改变幅度，称为小车变幅式；另一类是利用起重臂俯仰运动而改变臂端吊钩的幅度，称为动臂变幅式。

动臂变幅塔式起重机在臂架向下变幅时，特别是允许带载变幅时，整个起重臂与吊重一起向下运动，容易造成失速坠落的安全事故。相关标准规定：对能带载变幅的塔式起重机变幅机构应设有可靠的防止吊臂坠落的安全装置，如超速停止器等，当起重臂下降速度超过正常工作速度时，能立即制停。

图 3-8　变幅机构

水平臂塔式起重机的变幅小车牵引机构，一般采用卷扬牵引方式。对于采用蜗杆传动的小车牵引机构须安装制动器，不允许仅依靠蜗杆的自锁性能来制停。对于最大运行速度超过 40m/min 的小车变幅机构，为了防止载重小车和吊重在停止变幅后因惯性而继续向外滑行，造成超载事故，应设有慢速挡，在小车向外运行至起重力矩达到额定值的 80% 时，变幅机构应自动转换为慢速运行。

3）回转机构

塔式起重机回转机构（图 3-9）由电动机、变速箱和回转小齿轮三部分组成，它的传动方式一般有两种：一种是电动机带动蜗轮蜗杆变速箱，其运动输出轴再带动小齿轮围绕大齿圈（外齿圈）转动，使塔式起重机的转台及上部分围绕其回转中心转动；另一种是电动机通过少齿差、行星齿轮减速箱或摆线针轮减速箱来带动小齿轮围绕大齿圈转动，驱动塔式起重机作回转运动。

塔式起重机回转机构具有调速和制动功能，调速系统主要有涡流制动绕线电机调速、多档速度绕线电机调速、变频调速和电磁联轴节调速等，后两种可以实现无级调速，性能较好。

塔式起重机的起重臂较长，其侧向迎风面积较大，塔身所承受的风载产生很大的扭矩，对塔式起重机的安全运行造成威胁，所以在非工作状态下，回转机构应保证臂架能自由转动。根据这一要求，塔式起重机的回转机构一般均采用常开式制动器，即：在停机或在非工作状态下，制动器应松闸，使起重臂可以随风向自由转动，臂端始终指向顺风的方向。

4）行走机构

塔式起重机行走机构作用是驱动塔式起重机沿轨道行驶，配合其他机构完成垂直运输工作。行走机构是由驱动装置和支承装置组成，包括：电动机、减速箱、制动器、行走轮或者台车等（图 3-10）。

图 3-9　回转机构　　　　　　　　图 3-10　行走机构

① 行走台车，分有动力装置（主动）和无动力装置（从动），起重机的自重和载荷力矩通过行走轮传递给轨道。部分行走台车为了促使两个车轮同时着地行走，一般均设计均衡机构。行走台车架端部装有夹轨器，其作用是在非工作状况或安装阶段锁紧在轨道上，以保证塔式起重机的稳定安全。

② 行走支腿与底架平台（下回转塔式起重机），主要是承受塔式起重机载荷，并能保证塔式起重机在所铺设的轨道上行走自如。

底架与支腿之间的结构形式有三种：

A. 水母式，行走支腿底架销轴作水平方向灵活转动。它可在曲线轨道上行走，但在平时需用水平支撑机构相互固定。

B. 井架式，支腿与底架连成一体成井字形。制造简便，底架上空间高度大，安放压铁较容易，但安装麻烦。底架平台上的压重有两种：一为钢筋混凝土预制，成本低；其二为铸铁制成，比重大，体积小。

C. 十字架式，支腿与底架连成十字形。结构轻巧，用钢量省，占用高度空间小。缺点是用作行走时，塔式起重机不能作弯轨运行。

5）顶升机构

顶升系统一般由顶升套架、顶升横梁、液压站及顶升液压缸组成（图 3-11）。

液压站由液压泵、液压缸、操纵阀、液压锁、油箱、滤油器、高低压管道等元件组成。液压缸活塞杆通过横梁支承在塔身上。在顶升系统的顶升套架上，设置有两层工作平台和标准节引进滑道或引进梁（图 3-12）。

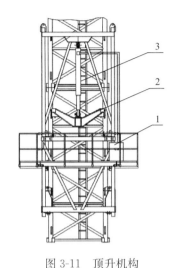

图 3-11　顶升机构
1—液压站；2—顶升横梁；3—顶升液压缸

图 3-12　顶升套架工作平台

液压顶升加节的过程是：吊运一个塔身标准节安放在摆渡小车上，移动起重臂上的平衡重，使塔身所受力矩平衡，起重臂朝向与引进轨道方位相同并加以锁定，起动液压泵站将液压缸前端顶升横梁支撑到标准节上的顶升踏步耳板圆弧槽内，确认无误后，操纵换向阀，液压缸伸出将顶升套架及其以上部分顶起，当顶起高度超过半个标准节并使顶升套架上的活动爬爪滑过一对踏步并自动复位后，停止顶升，并回缩液压缸，提起顶升横梁投入标准节上部的踏步耳板圆弧槽内，再次伸出液压缸，将套架及上部结构再次顶起，略超过半个标准节高度，此时塔身上方恰好有一个标准节的空间，将待加标准节推至塔身中心，对正后卸下引进滚轮，用高强螺栓或销轴，将标准节与塔身连接牢固。再将活塞杆支承在新加的标准节上，缩短液压缸，至此完成一个标准节的加节工作。

2. 施工升降机

施工升降机是一种用吊笼沿导轨架上下垂直运送人员和物料的建筑机械。主要应用于高层和超高层建筑施工，也用于码头、高塔、桥梁等固定设施的垂直运输，施工升降机可分为人货两用施工升降机（图 3-13）和货用施工升降机（图 3-14）两种类型；按其种类主要分为钢丝绳式和齿轮齿条式两种。

（1）齿轮齿条式施工升降机

施工升降机一般由钢结构件、传动机构、安全装置和控制系统等四部分组成结构组成

1）钢结构件

施工升降机的钢结构件主要有：导轨架、吊笼、防护围栏（图 3-15）、附墙架和楼层门等。

图 3-13　齿轮齿条式施工升降机

图 3-14　货用施工升降机

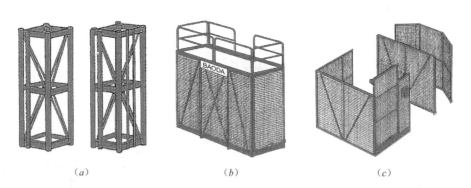

(a)　　　　　　　　　　(b)　　　　　　　　　　(c)

图 3-15　施工升降机的钢结构件

(a) 导轨架；(b) 吊笼；(c) 防护围栏

① 导轨架是升降机承载人员和货物乘载系统和上、下运行的主体结构和轨道，导轨架由标准节通过高强度螺栓连接组成，并通过附着装置与建筑物连接。

② 吊笼是用型钢、钢板和钢板网等焊接而成，专门运送人员和物料。前后进出设有单开门和双开门，一侧装有驾驶室，主要操作开关均设置在驾驶室内。吊笼上安装了导向滚轮沿导轨架运行。

③ 地面防护围栏由型钢、钢板和钢板网等焊接而成，将升降机的主机部分包围起来

形成一个封闭区域，防止升降机在运行时人和物的进入。

④ 附着装置是导轨架与建筑物之间的连接部件，用以保持升降机的导轨架及整体结构的稳定。

2）传动机构

齿轮齿条式施工升降机传动机构如图 3-16 所示，导轨架上固定的齿条和吊笼上的齿轮啮合在一起，电动机通过减速器使齿轮转动，带动吊笼作上升、下降运动。齿轮齿条式施工升降机的传动机构一般有外挂式和内置式二种，按传动机构的配制数量有二传动和三传动之分（图 3-17）。

图 3-16　齿轮齿条式传动　　　　　　　图 3-17　传动机构的配制形式

为保证传动方式的安全有效，首先应保证传动齿轮和齿条的啮合。因此在齿条的背面设置二套背轮，通过调节背轮使传动齿轮和齿条的啮合间隙符合要求。另外在齿条的背面还设置了二个限位挡块，确保在紧急情况下传动齿轮不会脱离齿条。

3）安全装置

施工升降机的安全装置是由防坠安全器及各安全限位开关组成，以保证吊笼的安全正常运行。安全装置的位置如图 3-18 所示。

① 防坠安全器，是施工升降机最重要的安全装置，其作用是限制吊笼超速运行，防止吊笼坠落，保证人员设备安全，构造如图 3-19 所示。

② 上下限位开关，由安装在导轨架上的上下碰铁挡板来触发安装在吊笼内的上下行程有关，而使吊笼停止运行。用于控制吊笼行程。

当额定提升速度小于 0.8m/s 时，上行程开关触发后导轨架还有 1.8m 的安全距离；当额定提升速度小于 1.8m/s 时，上行程开关触发后导轨架还有 $L＝1.8m＋0.1V^2$ 的安全距离。

下限位开关的安装位置应保证吊笼以额定重量下降时，触发碰铁使吊笼制停，此时触板离下极限开关还有一定行程。

③ 上下极限开关，由安装在导轨架上的上下碰铁挡板来触发安装在吊笼内的极限开关，而使吊笼停止运行，是防止上下限位开关失效后的又一道安全保护开关。

正常工作状态下，上极限开关的安装位置应将保证上极限开关与上限位开关之间的越

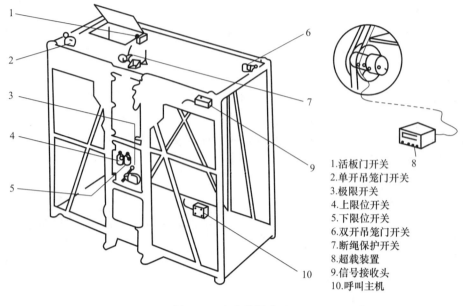

图 3-18   安全装置位置

1.活板门开关
2.单开吊笼门开关
3.极限开关
4.上限位开关
5.下限位开关
6.双开吊笼门开关
7.断绳保护开关
8.超载装置
9.信号接收头
10.呼叫主机

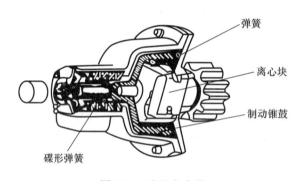

图 3-19   防坠安全器

程距离为 0.15m，而下极限开关的安装位置应保证吊笼碰到地面缓冲器其前，下极限开关首先动作。

④ 吊笼门联锁开关，吊笼的单行门、双行门、顶门均安装有安全限位开关，与各门机电联锁，只有当各个门关闭后，吊笼方可运行。

⑤ 地面围栏门联锁开关，在围栏门上安装有安全限位开关，与围栏门机电联锁，只有围栏门关闭后，吊笼方可上下运行。

⑥ 防松绳开关，对于带对重的施工升降机，安装在吊笼上部对重钢丝绳一端的张力均衡装置上，是非自动复位型的防松绳开关，当钢丝绳出现的相对伸长超过允许值或断绳时，该开关将切断控制电路，吊笼停止运行。

⑦ 安全钩，安装在吊笼 2 个主立柱槽钢外侧面上，导轨架防止吊笼倾翻钢坠落。

⑧ 超载保护装置，是防止施工升降机超载的保护装置，无论是笼内载荷还是笼顶部载荷，吊笼超载时将切断电源不能运行。

（2）钢丝绳式施工升降机

钢丝绳式施工升降机驱动机构一般采用卷扬机或曳引机，主要是货用施工升降机。工作原理是由提升钢丝绳通过导轨架顶上的导向滑轮，用设置在地面上（或导轨架下部）的卷扬机（或曳引机）使吊笼沿导轨架作上下运动。

该机型采用施工升降机标准节组成的导轨架，使用附墙杆的附着方式，安装、使用比高层井架提升机更安全可靠，其性价比比高层井架提升机更趋合理，特别适合50m左右施工高度的物料垂直运输，是适合小高层施工，替代高层井架提升机的理想产品。

（3）施工升降机主要技术性能参数

常用施工升降机型号及主要技术性能参数见表3-2。

施工升降机主要技术性能参数　　　　　　　　　　表3-2

性能参数 \ 型号	SC200/200TD	SCD200/200GZ	SCD200/200TD	SCD200/200	SS150/150
最大提升高度（m）	250	250	250	250	80
提升速度（m/min）	36	0～63	36	36	22
额定载重量（kg）	2×2000	2×2000	2×2000	2×2000	2×1500
吊杆额定载重量（kg）	180	180	180	180	
电机功率（kW）	2×3×11	2×3×15	2×3×11	2×3×11	2×7.5
电机数量（组×台）	2×3	2×2	2×3	2×2	2
防护等级	IP55	IP55	IP55	IP55	IP55
额定电流（A）	2×3×23.5	2×3×32.0	2×3×23.5	2×3×23.5	
供电电压（V）	380	380	380	380	380
限速器	SAJ40-1.2	SAJ40-1.2	SAJ30-1.2	SAJ30-1.2	
吊笼尺寸（m）	2.5×1.3×2.5	3.0×1.5×2.5	3.2×1.5×2.5	3.0×1.5×2.5	2.8×1.5×1.9
吊笼重量（kg）	2×1200	2×1200	2×1200	2×1200	
标准节重量（kg）	150	180	170	170	170
标准节长度（mm）	1508	1508	1508	1508	1508
对重重量（kg）	无	2×2000	2×1000	2×1000	

3. 物料提升机

物料提升机是指符合《龙门架及井架物料提升机安全技术规范》JGJ 88—2010的规定，以卷扬机或曳引机为动力，由型钢组成钢结构架体，用钢丝绳通过滑轮拉动吊笼沿导轨垂直运行运载货物的机械。物料提升机结构简单，安装、拆卸方便，广泛应用于中低层房屋建筑工地中。

（1）物料提升机的分类

按架体形式分为龙门式（图 3-20）、井架式（图 3-21）；

图 3-20 龙门式物料提升机

图 3-21 井架式物料提升机

按动力形式分为卷扬机式、曳引机式；

按吊笼运行位置分为内吊笼式、外吊笼式；按吊篮数目分为单笼、双笼；

按架体高度分为：低架（提升高度≤30m）、高架（提升高度＞30m）。

（2）物料提升机的组成

以龙门式卷扬机驱动的物料提升机为例，其主要结构有：架体、吊笼、自升平台、卷扬机及安全装置等。

1）架体

架体包括基础底盘，标准节等构件。底盘由槽钢拼焊而成，标准节与其相连，是整个设备的支承基础，由地脚螺栓固定在与混凝土基础上。架体制作材料选用型钢或钢管，焊成格构式标准节，其断面可分为三角形、方形。

2）吊笼

吊笼是装载物料沿提升机导轨作上下运动的部件，由型钢及连接板焊成吊笼框架，吊笼的两侧应设置安全挡板或挡网，吊笼前后进料门和卸料门，防止物料从吊篮中洒落。两侧装有导靴，吊笼横梁上安装有停靠装置，防坠安全器安装在吊笼两侧导靴上部。

3）自升平台

自升平台是架体安装加高和拆卸的工作机构，起到提升天梁的作用。由自升操作卷筒，导向滑轮、棘轮装置以及手摇小吊杆等组成，平台的活动爬爪可手动或自动复位。天梁与自升平台为一体，由型钢焊制而成，其上设有吊笼提升钢丝绳导向滑轮，并要求安装防坠安全器。

4）卷扬机

卷扬机是提升吊笼的动力装置，选用应满足额定牵引力、提升高度、提升速度等参数的要求，选用可逆式卷扬机，不得选用摩擦式卷扬机，卷扬机钢丝绳的第一个导向轮（地轮）与卷扬机卷筒中心的距离不应小于卷筒宽度的 15～20 倍。

5）电气控制系统

总电源中设置短路保护及漏电保护装置，电动机的主回路设置失压及过电流保护装置。携带式控制开关控制线路电压不大于 36V，其引线长度不宜大于 5m。严禁采用倒顺开关作为动力设备的控制开关。现场安装应符合和现行行业标准《施工现场临时用电安全技术规范》JGJ 46 的规定。

6）安全装置与防护设施

安全装置主要包括：起重量限制器、防坠安全器、安全停层装置、上限位开关、下限位开关、紧急断电开关、缓冲器及信号通讯装置等。

防护设施主要包括：防护围栏、停层平台及平台门、进料口防护棚、卷扬机操作棚等。

（3）物料提升机主要技术参数

SMZ150 型物料提升机主要技术参数见表 3-3。

表 3-3

SMZ150 型物料提升机主要技术参数

技术参数	单　位	数　值
基本安装高度	m	24
附着安装高度	m	80
额定起重量	kg	1500
提升速度	m/min	22
吊笼尺寸（长×宽×高）	m	3.5×1.5×1.9
卷扬机型号		JK1.5
钢丝绳型号		6×37+1—12—170—右
钢丝绳长度（基本安装高度）	m	75

4. 流动式起重机

（1）履带式起重机

履带式起重机（图 3-22）是在行走的履带底盘上装有起重装置的起重机械，是自行式、全回转的一种起重机。履带式起重机的履带与地面接触面积大，平均接地比压小，故

图 3-22　履带式起重机

可在松软、泥泞的路面上行走，适用于地面情况恶劣的场所进行装卸和安装作业。

履带式起重机的吊臂一般是固定式桁架臂，转移作业场地时整机可通过铁路平车或公路平板拖车装运。

1）履带式起重机的构造

履带式起重机由起重臂、上平台（或转盘）、回转支承装置、底盘以及起升、回转、变幅、行走等机构和电气附属设备（或液压机构）等机构组成。除行走机构外，其余各机构等都安装在回转平台上。

① 起重臂，为多节组装桁架结构臂，调整节数后可改变长度，其下端铰装于转台前部，顶端用变幅钢丝绳滑轮组悬挂支承，可改变其倾角。

大型履带式起重机的起重臂可以在主臂顶端加装副臂，主臂与副臂组合形成一定夹角，满足更高吊装施工的需求。

② 上平台，通过回转支承安装在履带底盘上，回转支承由上、下滚道和其间的滚动件（滚球、滚柱）组成，可将上平台上的全部重量传递给底盘，并保证转台的自由转动。上平台安装有动力装置、传动系统、卷扬机、操纵机构、平衡重和操作室等。

③ 底盘，包括履带架、履带和行走机构。行走装置由履带架、驱动轮、导向轮、支重轮、托链轮和履带轮等组成。动力装置通过垂直轴、水平轴和齿轮传动使驱动轮旋转，带动导向轮和支重轮，使整机沿履带滚动而行走。

履带式起重机的动力为柴油机，传动形式有机械传动、电力——机械传动和液压传动。

升机构有主、副两套卷扬系统，主卷扬系统用于主臂吊重，副卷扬系统用于副臂吊重。

2）履带式起重机的主要技术参数

① 起重量，是履带式起重机吊钩能吊起的重量，其中包括吊索、吊具及容器的重量。

履带式起重机的起重量因起重工作幅度的改变而改变，因此各机型的履带式起重机都有其本身的起重量与起重工作幅度的对应表，亦称起重特性表。通常采用起重特性表或起重性能曲线图来指导吊装作业。

② 工作幅度，是指从履带式起重机回转中心至吊钩垂直中心的水平距离，亦称回转半径或工作半径。

③ 起升高度，亦称吊钩有效高度，是从履带式起重机履带所站得基准面到吊钩支撑面的最大垂直距离。

3）履带式起重机技术性能参数

常用履带式起重机型号及主要技术性能参数见表 3-4。

履带式起重机主要技术性能参数　　　　　　　　　　　　　　表 3-4

性能参数 ＼ 型号	QUY50A	QUY80A	QUY150
最大额定起重量（t）	50000（主）/4000（副）	80000	150000
最大起重力矩（kN·m）	1810	3400	9000
主臂长度（m）	18～52	13～58	15～80
主臂变幅角度	30°～80°	30°～80°	30°～80°
固定副臂长度（m）	9.0～15.0	9.0～18.0	13.0～31.0
起升机构单绳速度（m/min）	65	116/58	142/117
主臂变幅单绳速度（m/min）	52	54	30
最大回转速度（r/min）	1.5	3/1.4	2.3
最高行驶速度（km/h）	1.3	1.3	1.25
接地比压（kPa）	69	83	92
最大爬坡能力	40°	30°	30°
发动机　生产厂商	DEUTZ	康明斯	康明斯
发动机　型号	BF6M1013ECP	QSL-9	QSL-300
发动机　额定功率（kW）	158	209	325
发动机　额定转速（rpm）	2200	2000	1850
外形尺寸（mm）	7090×3170×3050	9150×3480×3480	9750×3380×3580
整机质量（不含配重）（kg）	50000	83000	165000

（2）汽车起重机

装在专用底盘或通用载重汽车底盘上的起重机称为汽车起重机。汽车起重机特点是：行驶速度高，机动灵活性一般，转移迅速；采用专用或通用底盘，适宜于公路行驶；作业性能高，结构较简单；作业辅助时间少，作业高度和幅度可随时变换。

1）汽车起重机构造

汽车起重机（图 3-23）主要由底盘、主起重臂、副起重臂、转台、支腿、回转机构、起升机构、变幅机构、液压系统、电器系统等组成。

图 3-23　汽车起重机

主起重臂是起重机主要部件，吊臂起重性能与整机稳定性指标代表和体现起重机整机起重性能。吊臂的截面形式有四边形、五边形、梯形、六边形、八边形、U 形、椭圆形等。椭圆形截面的刚性和稳定性最好，但制造成本和工艺难度相当高，目前国内主要流行六边形截面，这种截面形式的吊臂相对于四边形的起重性能有了较大幅度的提升。

汽车起重机的主起重臂多为伸缩式，伸缩动作由伸缩油缸及同步伸缩机构完成。在吊臂组装或拆卸时，对伸缩钢丝绳的保护一定要小心谨慎，以防被挤压损伤。目前世界上最先进的伸缩臂是连锁插销式顺序伸缩臂，这种吊臂结构紧凑，各伸缩臂间隙可以很小，更有利于提高吊臂的起重性能，但吊臂的插销控制复杂，制作精度要求高。

副起重臂一般为桁架式结构，其截面有四边形和三角形两种形式。三角形截面自重更轻，但其侧向载荷能力较弱一些。副起重臂可以随挂在主起重臂的侧面，使用时将其安装到副起重臂的头部。但吨位较大的起重机一般不随挂副臂，需使用时另外安装。

支腿在起重机工作状态时起到支撑稳定作用。由固定支腿和活动支腿两部分组成，活动支腿在固定支腿中，可以通过水平油缸伸出和缩回。起重机工作前水平液压缸伸出将活动支腿推出，然后垂直液压缸伸出接触地面，将起重机支撑起离开地面。

汽车起重机的回转机构的减速机一般采用内置式行星齿轮减速机，结构紧凑，效率高，传动平稳，制动可靠，承载能力强，寿命长。回转支承作为下车和上车的连接部分，允许360°回转。

起升机构有主、副起升机构，汽车起重机根据用户需求，可以只配置主起升机构一套，也可配置主、副起升机构各一套。起升机构包括减速机、卷筒、钢丝绳和马达等。起升减速机一般采用内置式行星齿轮减速机。起升机构安装及使用时必须注意对钢丝绳的保护，并且绳头的固定必须牢固可靠，必须警惕钢丝绳发生乱绳缠绕，若有发生须及时小心处理，以免钢丝绳受损。钢丝绳损伤时必须按标准加以判断是否予以报废。特别注意起重钩的缺陷不可焊补，若表面有裂纹、破口、磨损、扭转变形、危险断面及钩筋有塑性变形等情况时，一定按标准要求进行判断是否报废。

变幅机构是通过变幅液压缸的伸缩实现吊臂角度变化。幅度指示器有外置式和电子显示式。电子显示式幅度指示器是通过力矩限制器的液晶显示屏显示吊臂的工作角度和幅度。

2）常见汽车起重机的主要技术参数

常见汽车起重机型号及主要技术性能参数见表3-5。

常见汽车起重机主要技术性能参数　　　　　　　　　　表3-5

	型号 性能参数	QY16B	QY35F	QY40F
工作 性能 参数	最大额定总起重量（kg）	16000	35000	40000
	基本臂最大起重力矩（kN·m）	720	1120	1400
	最长主臂最大起重力矩（kN·m）		490	500
	全伸主臂最大起升高度（m）		38.05	39.8
	全伸主臂＋副臂最大起升高度（m）		46.5	48
行使 参数	最高行驶速度（km/h）	75	70	70
	最大爬坡度（%）	24	24	24
	最小转弯直径（m）	20	22	22
	百公里油耗（L）	≤35		35
尺寸 参数	整机外形尺寸（长×宽×高）（m）	12.11×2.5×3.25	13.09×2.5×3.63	13.56×2.5×3.58
	支腿跨距（纵×横）（m）	4.6×5.4	5.4×6.6	5.4×6.6
	主臂长度（m）	31.1	38	39.5
	副臂长度（m）	8.3	8.5	8.3
	全伸主臂＋副臂长度（m）	39.4	46.5	47.8
	主臂仰角（°）	22～79	22～79	25～80
质量 参数	行使状态自重（总质量）（kg）	24000	35800	38030
底盘 参数	型号		CA5365JQZ	CA5385JQZ
	发动机型号	WD415.21	CA6DL1-29E3	CA6DL1-29E3
	发动机功率（kW/rpm）	155/2200	224/2300	224/2300
	发动机最大扭矩（N·m/rpm）	820/1400	1150/1300-1700	1150/1300-1700

（3）轮胎起重机

轮胎起重机（图 3-24）是利用轮胎式底盘行走的动臂旋转起重机，它是把起重机构安装在加重型轮胎和轮轴组成的特制底盘上的一种全回转式起重机。其上部构造与履带式起重机基本相同。

图 3-24　轮胎起重机

1）轮胎起重机构造

轮胎起重机由上车和下车两部分组成。上车为起重作业部分，设有动臂、起升机构、变幅机构、平衡重和转台等；下车为支承和行走部分。上、下车之间用回转支承连接。为了保证作业时机身的稳定性，起重机设有四个可伸缩的支腿。吊重时一般需放下支腿，增大支承面，保证起重机的稳定；在平坦地面上可不用支腿进行小起重量吊装及吊物低速行驶。其特点：采用特制底盘，行驶作业共用一个驾驶室，可全轮驱动和转向，可越野行驶，行驶速度较慢，机动灵活性好，整机尺寸小，通过性好；作业性能高，结构较复杂，价格比汽车起重机稍贵；作业辅助时间少，作业高度和幅度可随时变换。

与汽车式起重机相比其优点有：轮胎起重机轮距较宽、稳定性好、车身短、转弯半径小，可在 360°范围内工作。但其行驶时对路面要求较高，行驶速度较汽车式慢，不适于在松软泥泞的地面上工作。

轮胎起重机动臂的结构形式有桁架臂和伸缩臂两种。前者用钢丝绳滑轮组变幅，臂长可折叠或接长，其长度较大；后者为多节箱形断面伸缩臂架，用液压缸伸缩和变幅。行驶状态因外形尺寸小，适应快速转移工地的需要。其基本技术参数为：起重量、起升高度、幅度、载荷力矩和整机自重。轮胎起重机的额定起重量受动臂强度和整机稳定限制，随幅度而变化，为防止超载必须装有力矩限制器。

2）轮胎起重机的主要技术参数

轮胎起重机型号及主要技术性能参数见表 3-6。

轮胎起重机主要技术性能参数　　　　　　　　　　　　　　表 3-6

性能参数 \ 型号	RT100 越野轮胎起重机	RT60 越野轮胎起重机
最大额定起重量（kg）	100000	60000
基本臂最大起重力矩（kN·m）	3500	2075
最长主臂最大起重力矩（kN·m）	1840	1186
基本臂最大起升高度（m）	13.2	11.8
主臂最大起升高度（m）	48.8	43.9
副臂最大起升高度（m）	69	59.1
主卷最大速度（m/min）	125	125
副卷最大速度（m/min）	125	125
变幅时间 全程伸臂（s）	95	90
变幅时间 全程缩臂（s）	120	120

续表

性能参数	型号	RT100 越野轮胎起重机	RT60 越野轮胎起重机
伸缩时间	全程伸臂（s）	150	110
	全程缩臂（s）	180	130
	最高回转速度（r/min）	2.0	2.0
	水平支腿同时伸/缩时间（s）	40/30	40/30
	垂直支腿同时伸/缩时间（s）	55/40	55/40
行驶性能参数	最高行驶车速（km/h）	33	35
	最大爬坡度（%）	60	65
	最小转弯直径（m）	7.5（四轮），12（两轮）	6.1（四轮），10.5（两轮）
质量参数	整车整备质量（含配重）（kg）	58900	48987
	配重质量（kg）	18000	9000
尺寸参数	外形尺寸（长×宽×高）（mm）	14900×3500×3990	13160×3180×3750
	轴距（mm）	4645	4000
	轮距（mm）	2640	2400
	支腿跨距（纵/横）（mm）	8400/8200	7300/7200
	基本臂臂长（m）	12.4	11.32
	主臂臂长（m）	48	43.2
	副臂长（m）	11.7/20.6	10/18.5
	副臂安装角（°）	0，20，40	0，20，40
	吊臂最大/最小仰角（°）	80°/23°	80°/22°
发动机	型号 参数	康明斯 QSL8.9	康明斯 QSB6.7-C260
	功率/转速	224/2100	194/2200

（二）高处作业吊篮

高处作业吊篮（以下简称：吊篮）是采用悬挂机构架设于建筑物或构筑物上，提升机驱动悬吊平台通过钢丝绳沿立面上下运行的一种悬挂设备。由于安装、拆卸方便，能代替传统的脚手架进行高层建筑的外墙施工、装饰、清洗与维修和旧楼改造，是一种效率高、功能多的高处作业专用设备。

吊篮主要由悬挂机构、悬吊平台、提升机、电气控制系统、安全保护装置、工作钢丝绳和安全钢丝绳组成，如图 3-25 所示。

1. 悬挂机构

悬挂机构是吊篮的基础结构件。其作用是通过悬挂在其端部的钢丝绳承受悬吊平台升空作业时的全部自重、工作载荷和风载荷等所有悬吊载荷。

由于建筑物或构筑物的顶部或某些用于架设悬挂机构的层面的结构、空间和形状各异，所以吊篮的悬挂机构类型较多。尽管类型不同，但吊篮悬挂机构具有的共同特点是：便于拆装组合；单件重量较轻（一般不超过 50kg）；具有伸缩或可调节性。

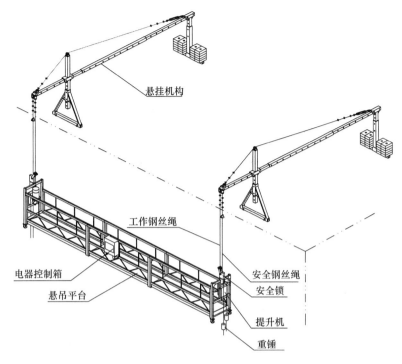

图 3-25　高处作业吊篮构造简图

按力矩平衡方式不同，吊篮悬挂机构大致分为附着式和杠杆式两大类型。

（1）附着式悬挂机构

附着式悬挂机构的特点是：悬挂机构附着在建筑物或构筑物的女儿墙、檐口或某些承重的结构上。悬吊所产生的倾翻力矩，全部或部分靠被附着的建筑结构所平衡。

其优点是：结构简单，零件数量少，不需大量配重块，机动性好。但其适用范围较窄，使用的限制条件较多，例如：必须对被附着的结构的强度充分了解；被附着的结构要求比较规则。图 3-26 所示为二种较常见的附着式悬挂机构。

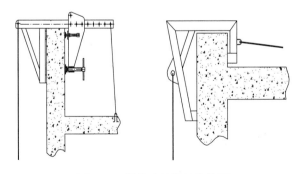

图 3-26　附着式悬挂机构简图

（2）杠杆式悬挂机构

杠杆式悬挂机构的倾翻力矩全部靠本身结构进行平衡。其优点是：适用范围宽，对安装现场无特殊要求，目前在吊篮上应用最为广泛。图 3-27 为最典型的杠杆式悬挂机构。

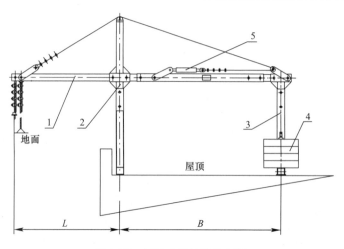

图 3-27　杠杆式悬挂机构简图

1—横梁；2—前支架；3—后支架；4—配重；5—加强钢丝绳张紧机构

横梁 1 由前梁、中梁和后梁组合而成。三段梁均采用薄壁矩形管材套接成整体，前、后梁均可伸缩，以便组成不同的外伸长度 L 和不同的支承距离 B，来适应建筑物的不同需求。

前支架 2、后支架 3 都分为上下两段。一般也采用薄壁矩形管材套接成整体，并且可以伸缩，改变支架高度，以适应不同高度的女儿墙。支架上端与横梁采用销轴或螺栓连接。有的在支架下端横撑上设置脚轮，便于悬挂机构整体平移。有的还设置可调支腿，使支架落地平稳可靠。

后支架 3 的横撑上焊有数根立管，用于固定配重。

配重 4 安装在后支架横撑上。其作用就是平衡作用在悬挂机构上的倾翻力矩。其材料一般采用铸铁、特制高强混凝土或外包铁皮混凝土。每块配重的重量为 20kg 或 25kg，便于搬运和装卸。

加强钢丝绳张紧机构 5 由加强绳、立柱和索具螺旋扣（俗称花篮螺栓）组成。其作用是增强横梁承载能力，改善横梁受力状况，减小横梁截面尺寸和自重。

2. 悬吊平台

悬吊平台是用于搭载作业人员、工具和材料进行高处作业的悬挂装置。

最常见的悬吊平台底板呈长方形，四周设置围栏。配置二组吊架与二套提升机和安全锁采用螺栓连接。吊架一般设置在悬吊平台两端（图 3-28）。

也有少数吊篮的吊架设置在悬吊平台中间（图 3-29）。两种吊架设置各有所长，前者，吊架结构简单，重量轻；后者，使悬吊平台受力合理，适用于长度较大的悬吊平台。

悬吊平台按材质可分为铝合金和钢结构。根据作业功能、作业部位等可制成多种不同的形式。悬吊平台一般由一至三个基本节及两端的提升机安装架拼装而成。基本节由前、后护栏及底板组成，如图 3-30 所示。

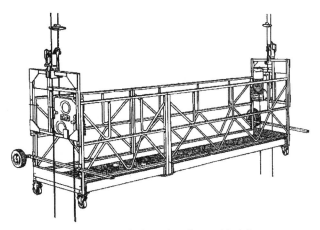

图 3-28　吊架在两端的普通悬吊平台

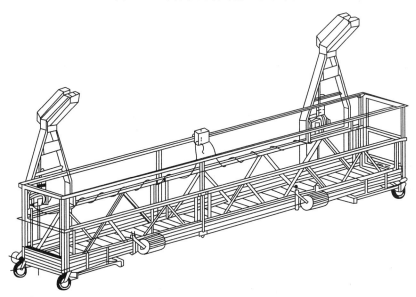

图 3-29　吊架在中间的悬吊平台

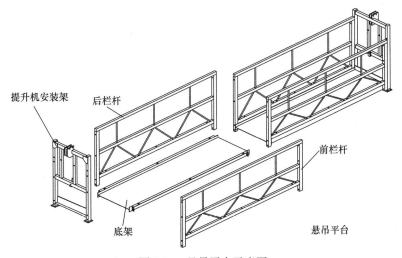

提升机安装架　　后栏杆　　　　　　　　　前栏杆

底架　　　　　　　　　　　　　悬吊平台

图 3-30　悬吊平台示意图

3. 提升机

提升机是吊篮的动力装置，其作用是为悬吊平台上下运行提供动力，并且使悬吊平台能够停止在作业范围内的任意高度位置上。

4. 电气控制系统

电气控制系统由电器控制箱、电磁制动电机、上限位开关和手握开关等组成，如图 3-31 所示。在电气控制箱上设有上、下操作按钮、转换开关和急停按钮，并设有操作手柄。操作电压通常为 24～36V。

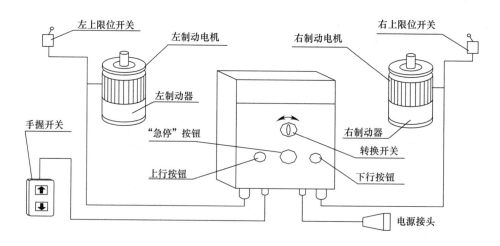

图 3-31 电气控制系统

操作控制电路由控制变压器转换成 24～36V 低压电控制，操作安全、方便。工作时，可在电器箱上操作，也可通过手握开关进行操作。电机可同时运行，也可以单独运行，只需转动电器箱面板上的转换开关即可实现操作转换。当转换开关转至一侧时，即可实现单机运行。

在悬吊平台工作区域的上限位置设置上限位块。上限位行程开关触及上限位块后，电机停止运行，报警铃响。此时悬吊平台只能往下运行。

5. 安全保护装置

吊篮的安全装置有安全锁、限位装置、限速器和超载保护装置。

（1）安全锁

安全锁是保证吊篮安全工作的重要部件。当提升机故障或工作钢丝绳断裂，悬吊平台发生超速下滑、倾斜等意外情况时，安全锁能迅速将悬吊平台锁定在安全钢丝绳上。根据工作特性可分为离心限速式和摆臂防倾式。安全锁构造如图 3-32 所示。

（2）限位装置

限位装置分为上、下限位装置，一般安装在悬吊平台两端顶部和底部工作钢丝绳附

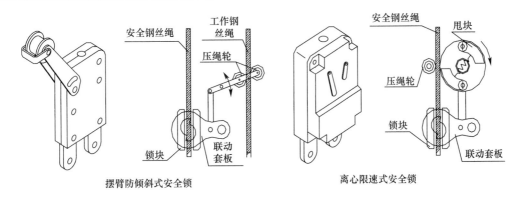

图 3-32　安全锁构造示意图

近。限位装置的作用是当悬吊平台到达预设极限位置时可断开运行电路，使悬吊平台停止上升或下降。此时应将悬吊平台及时脱离极限位置。

（3）限速器

提升机电动机输出轴端装有离心限速器，限制下降速度不大于 1.5 倍的额定速度。

6. 钢丝绳

钢丝绳是承受悬吊平台全部载荷的主要受力构件，吊篮悬吊平台两端各设置一组工作钢丝绳和安全钢丝绳。工作钢丝绳的作用是牵引悬吊平台升降并且承受悬吊平台悬空作业的全部载荷。安全钢丝绳的作用是与安全锁配套，对吊篮起安全保护作用。

常用 ZLP 系列高处作业吊篮主要技术参数见表 3-7。

ZLP 系列高处作业吊篮主要技术参数　　　　　　　　　表 3-7

性能参数		型号	ZLP800	ZLP630
额定重量（kg）			800	630
升降速度（m/min）			8～10	8～10
悬吊平台长度尺寸（m）			7.5	5
钢丝绳（mm）			特制钢丝绳 φ8.6	特制钢丝绳 φ8.6
提升机		额定提升力	7.84	6.17
	电动机	型号	YEJ100L-4	YEJ90L-4
		功率（kW）	2.2	1.5
		电压（V）	380	380
		转速（rpm）	1420	1420
		制动力矩（kN）	15	15
安全锁		允许冲击力（kN）	30	30
		倾斜锁绳角度（°）	3～8	3～8

续表

性能参数	型号	ZLP800	ZLP630
悬挂机构	前梁升出长度（m）	1.3～1.5	1.3～1.5
	支架调节高度（m）	1.44～2.14	1.44～2.14
重量	悬吊平台（kg）	562	440
	悬挂机构（kg）	336	36
	配重（kg）	1000	800
	整机（kg）	2010	1650

（三）土石方机械

1. 挖掘机

挖掘机是用来进行土方开挖的一种建筑机械，具有挖掘能力强、构造通用性好、效率高、产量大、用途广的特点，在建筑与市政工程施工中承担基础开挖等作业。

挖掘机按作业特点分为间歇重复循环作业式和连续性作业式两种，前者为单斗挖掘机，每一个工作循环包括：挖掘、回转、卸料和返回四个过程；后者为多斗挖掘机。在建筑与市政工程中多采用单斗挖掘机，本节着重介绍单斗挖掘机。

（1）单斗挖掘机的类型

按传动形式分为液压式挖掘机和机械式挖掘机；

液压式挖掘机的挖土动作主要靠挖掘机动臂、斗杆、铲斗的自重和各工作液压缸的推动力，因此，液压挖掘机具有挖掘力大、动作平稳、作业效率高、结构紧凑、操纵轻便、更换工作装置容易等特点。机械式挖掘机主要应用在矿山开采。

按工作装置型式分为反铲挖掘机（图 3-33）、正铲挖掘机（图 3-34）；

图 3-33 反铲挖掘机

图 3-34 正铲挖掘机

反铲是中小型液压挖掘机的主要工作装置型式，主要用于基坑开挖等停机面以下的土方工程，也可以挖掘停机面以上的土方工程。工作时后退向下，强制切土，其挖掘力较正铲小，可挖掘Ⅰ～Ⅱ级土。

正铲挖掘机主要用于挖掘停机面以上的工作面。由于液压挖掘机正铲的动臂摆幅能够变化，因此也能挖掘停机面以下工作面的土层或矿石。工作时前进向上，强制切土，其挖掘力大，可直接挖掘Ⅰ～Ⅳ级土和松散的岩石、砾石等土层、石料施工作业。

按行走方式分为履带式、轮胎式（见图3-35）和步行式。

（2）单斗反铲挖掘机的构造

图3-36所示为反铲单斗挖掘机的总体构造简图。单斗挖掘机主要由发动机、工作装置、回转装置；行走装置、液压系统、电气系统和辅助系统等组成。

图 3-35　轮胎式挖掘机

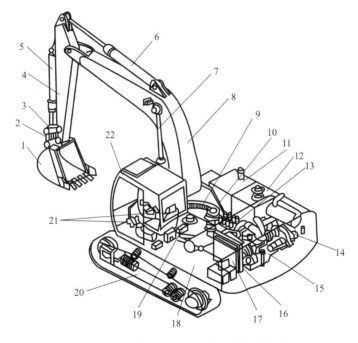

图 3-36　反铲单斗挖掘机的总体构造简图

1—铲斗；2—连杆；3—摇杆；4—斗杆；5—铲斗液压缸；6—斗杆液压缸；7—动臂液压缸；
8—动臂；9—回转支撑；10—回转驱动装置；11—燃油箱；12—液压油箱；13—液控多路阀；
14—液压泵；15—发动机；16—水箱；17—液压油冷却器；18—平台；19—中央回转接头；
20—行走装置；21—操作系统；22—驾驶室

1）发动机：整机的动力源，多采用柴油机。

2）工作装置：单斗挖掘机工作装置由动臂、斗杆、铲斗组成。动臂是工作装置的主要构件，斗杆的结构形式取决于动臂的结构形式，反铲动臂可分为整体式和组合式两种。

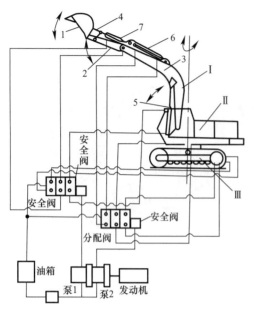

图 3-37 液压挖掘机传动示意图
1—铲斗；2—斗杆；3—动臂；4—连杆；
5、6、7—液压缸；Ⅰ—挖掘装置；
Ⅱ—回转装置；Ⅲ—行走装置

整体式动臂有直动臂和弯动臂两种。直动臂构造简单、轻巧、布置紧凑，主要用于悬挂式挖掘机。组合式动臂由上下两节或多节组成，其工作尺寸和挖掘力可根据作业条件的变化进行调整。

3）回转装置：回转装置由回转平台和回转机构组成。回转装置使回转平台上的工作装置回转，以便进行挖掘和卸料。

4）行走装置：支承全机质量并执行行驶任务，有履带式、轮胎式与汽车式等。

5）操纵系统：操纵工作装置、回转装置和行走装置，有机械式、液压式、气压式及复合式等。

图 3-37 为液压挖掘机传动示意图，液压挖掘机是采用液压传动装置来传递动力，它由液压泵、液压马达、液压缸、控制阀以及各种液压管路等液压元件组成。

（3）单斗反铲挖掘机的技术性能参数

某企业生产的单斗液压反铲挖掘机的型号及技术性能参数见表 3-8。

单斗液压反铲挖掘机的型号及技术性能参数　　表 3-8

性能参数 \ 型号	GC88	JCM922D	JCM933D
斗杆类型（mm）	1750	2925	3186
总长（mm）	6535	9548	11172
接地长度（运输时）（mm）	4490	4997	5823
总高（至动臂顶部）（mm）	2603	3073	3311
总宽（mm）	2300	2880	3300
总高（至驾驶室顶部）（mm）	2705	2977	3125
最小离地间隙（mm）	365	470	532
尾部回转半径（mm）	1950	2905	3438
轮距（mm）	2285	3450	4030
履带长度（mm）	2910	4237	4932
轨距（mm）	1850	2280	2600
履带宽度（mm）	2300	2880	3300
履带板宽度（mm）	450	600	700
最大挖掘高度（mm）	7213	9281	10125
最大卸载高度（mm）	5054	6480	7082
最大挖掘深度（mm）	4250	6605	7340

续表

型号 性能参数	GC88	JCM922D	JCM933D
最大垂直挖掘深度（mm）	3977	5735	7010
最大挖掘距离（mm）	6706	9845	11084
地平面的最大挖掘距离（mm）	6566	9671	10886
工作装置最小回转半径（mm）	2148	3500	4335
发动机			
型号	洋马 4TNV98-SFN	康明斯 B5.9-C	康明斯 6C8.3
形式	4 缸、直列、水冷、增压	水冷、6 缸直列式、涡轮增压、空空中冷	水冷、6 缸直列式、涡轮增压、空空中冷
缸数×缸径×行程（mm）	4×98×110	6×102×120	6×114×134.9
排量（L）	3.319	5.9	8.3
额定功率（kW/rpm）	53.1/2200	112/1950	186/2200
液压系统			
液压泵形式	1 个变量柱塞泵	变量双联柱塞泵	变量双联柱塞泵
额定工作流量（L/min）	220	2×208	2×265
行走回路压力（MPa）	27.5	31.9/34.3	31.9/34.3
回转回路压力（MPa）	23.5	25.5	27.5
控制回路压力（MPa）	3.5	3.9	3.9
铲斗			
铲斗容量（m³）	0.35	1.0	1.43
铲斗宽度（mm）	827	1310	1430
回转系统			
回转速度（r/min）	12	11.9 (max)	11.5
制动类型	压力释放 机械制动	压力释放 机械制动	压力释放 机械制动
挖掘力			
斗杆挖掘力（kN）	40.5	92.5/99.5	142.8/153.5
铲斗挖掘力（kN）	61	115/124	168.1/181
操作重量和接地比压			
操作重量（kg）	8700	21600	32900
接地比压（kPa）	38	47	52.9
行走系统			
行走马达	轴向变量柱塞马达	轴向变量柱塞马达	轴向变量柱塞马达
履带板数量	2×40	2×47	2×48
行走速度（km/h）	3.1/5.0	3.3/5.4	2.95/5.04
牵引力（kN）	65.3	201（max）	284
爬坡能力	70%（35°）	70%（35°）	70%（35°）
支重轮数量	2×6	2×8	2×9
拖链轮数量	2×1	2×2	2×2

2. 装载机

装载机（图 3-38）是用机身前端的铲斗进行铲、装、运、卸作业的施工机械。它是一种通过安装在前端的铲斗支撑结构和连杆，随机身向前运动进行装载或挖掘，也可以进行提升、运输和卸载作业，行走采用履带或轮胎。它利用牵引力和工作装置产生的掘起力进行工作，用于装卸松散物料，并可完成短距离运土，是建筑与市政工程施工中应用较为广泛的机械。

图 3-38　轮胎式装载机

装载机的工作装置由连杆机构组成，常用的连杆机构有正转六连杆机构，正转八连杆机构和反转六连杆机构，如图 3-39 所示。

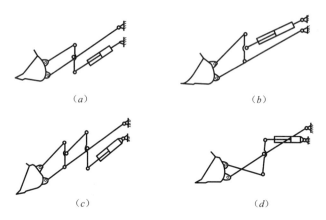

图 3-39　常用的铲斗工作装置连杆机构
（a）、（b）正转六连杆机构；（c）正转八连杆机构；（d）反转六连机构

我国 ZL 系列轮式装载机的工作装置则多数采用反转 Z 型六连杆机构。反转六连杆转斗机构由铲斗、动臂、摇臂、连杆、转斗液压缸和动臂液压缸等组成。

图 3-40 所示装载机工作装置由动臂 5、铲斗 1、摇臂 3 和连杆 2 等零件组成。动臂 5 的后端通过动臂销与前车架相连，前端安装有铲斗 1，中部与动臂液压缸 4 相连接。当动臂液压缸 4 收缩时，动臂 5 绕其后端销转动，实现铲斗 1 的提升或下降。摇臂 3 的中部和动臂 5 相连，两端分别与连杆 2 和转斗液压缸 6 相连。当转斗液压缸 6 伸缩时，摇臂 3 绕其中间支撑点转动，通过连杆 2 使铲斗 1 上转或下翻。工作装置是装载机的主要工作部分之一，也是主要的承重部件。装载机的装载工作主要依靠工作装置来完成，与左右动臂相连的动臂液压缸用来完成升降臂作业，与摇臂相连的转斗液压缸用来完成翻斗作业。

在装载机进行作业时，工作装置应能保证：当转斗液压缸闭锁，动臂举升或降落时，

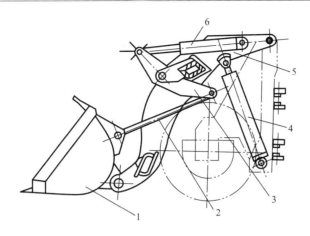

图 3-40 轮胎式装载机工作装置
1—铲斗；2—连杆；3—摇臂；4—动臂液压缸；5—动臂；6—转斗液压缸

连杆机构能使铲斗上下平动或接近平动，以免铲斗倾斜而撒落物料；当动臂处在任何位置，铲斗绕动臂铰点转动进行卸料时，其卸料角不小于 $45°$，在最高位置卸料后，当动臂下降时，又能使铲斗自动放平。

（1）装载机的分类

1）按行走方式分类

① 履带式：接地比压低，牵引力大，但行驶速度慢，转移不灵活。履带式装载机的特点是履带有良好的附着性能，铲取原状土和砂砾的速度较快，挖掘能力强，操作简便；但其最大缺点就是行驶速度慢，转移场地不方便，故实际使用较少。

② 轮胎式：行驶速度快，机动灵活，可在城市道路行驶，使用方便。轮胎式装载机显著的优点是行驶速度快，机动性能好，转移工作场地方便，并可在短距离内自铲自运、它不仅能用于装卸土方，还可以推送土方；其缺点是在潮湿地面作业易于打滑，铲取紧密的原状土壤较难，轮胎磨损较快。

2）按机身结构分类

① 整体式结构：转弯半径大，但行驶速度快。

② 铰接式结构：转弯半径小，可在狭窄地方工作。

国产 ZL 系列轮式装载机多数采用铰接式结构。目前使用较多的是轮胎式、机架铰接、铲斗非回转型式的装载机。

3）按传动方式分类

① 机械传动：牵引力不能随外载荷变化而自动变化，使用不方便。

② 液力机械传动：牵引力和车速变化范围大，随着外阻力的增加，车速可自动下降，液力机械传动可减少冲击，减少动载荷，保护机器。

③ 液压传动：可充分利用发动机功率，降低燃油消耗，提高生产率，但车速变化范围窄，车速偏低。

（2）装载机的工作装置

装载机的工作装置很多，包括通用铲斗、"V"形铲斗、抓具、铲叉、推土板、吊臂等。装载机的各种工作装置如图 3-41。

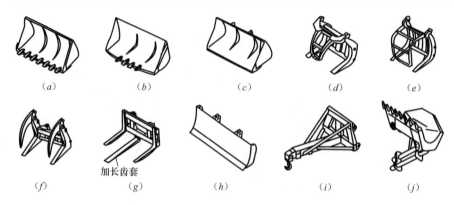

图 3-41　装载机工作装置

(*a*) 通用铲斗；(*b*) V 形刃铲斗；(*c*) 直边无齿铲斗；(*d*) 通用抓具；(*e*) 大容量原木抓具；
(*f*) 抓具；(*g*) 铲叉；(*h*) 推土板；(*i*) 吊臂；(*j*) 可侧卸铲斗

（3）装载机的型号

目前我国装载机行业已有十多个品种，基本上形成了系列产品，并向大型化发展。国产装载机型式大多为液力机械传动、铰接车架转向、大型轮胎行走和全动力换挡的前卸式装载机。产品有 1.0m³、1.5m³、2.0m³、3.0m³、4.0m³ 和 5.0m³ 等规格系列。

装载机的型号以 ZL-40 型号为例：

Z—装载机代号；L—轮胎式；Y—液压式；J—铰接式；40—载重量×100kg。

（4）装载机的主要技术性能参数

常用轮胎铰接式装载机的主要型号及技术性能参数见表 3-9。

轮胎铰接式装载机的主要型号及技术性能参数　　　　　　　　表 3-9

性能参数　　　型号	ZL10	ZL20	ZL30	ZL40
铲斗容量（m³）	0.5	1.0	1.5	2.0
装载量（kg）	1000	2000	3000	4000
卸载高度（m）	2.25	2.6	2.7	2.8
发动机功率（hp）	40.4	59.5	73.5	99.2
行走速度（km/h）	10～28	0～30	0～32	0～35
最大牵引力（kN）	32	64	75	105
爬坡能力（°）	30	30	25	28～30
回转半径（m）	4.48	5.03	5.5	5.9
离地间隙（m）	0.29	0.39	0.40	0.45
外形尺寸（长×宽×高）（mm）	4400×1800×2700	5700×2200×2500	6000×2400×2800	6400×2500×3200
总重（kg）	4500	7600	8200	11500

3. 推土机

推土机（图 3-42）是循环作业机械，它具有机动性大、动作灵活，能在较小的工作面上工作，是土石方工程的主要建筑机械。推土机广泛用于基坑开挖、管沟的回填、工地的现场清除、场地平整等作业施工中，是短距离自行式铲土运输机械，主要用于 50～100m 的短距离施工作业。推土机主要由发动机、底盘、液压系统、电气系统、工作装置和辅助设备组成。

图 3-42　履带式推土机

（1）推土机的分类

1）按行走机构分类

① 履带式推土机：附着性能好、牵引力大、接地比压小（0.04～0.15MPa）及爬坡能力强，能适应恶劣的工作环境。履带式推土机具有优越的作业性能，是推土机重点发展的机种。但行驶速度低。

② 轮胎式推土机：行驶速度快、机动性能好、作业循环时间短、转移方便迅速及不损坏路面，特别适合在城市建设和道路维修工程中使用，但牵引力较小。

2）按传动方式分类

按推土机的传动方式可分为机械传动式、液力机械传动式、全液压传动式和电气传动式等

① 机械传动式：采用机械式传动的推土机具有工作可靠。制造简单、传动效率高、维修方便等优点；但操作费力，传动装置对荷载的自适应性差，容易引起发动机熄火，降低作业效率，在大，中型推土机上已较少采用机械式传动。

② 液力机械传动式：液力机械式传动是现代推土机采用的主要传动形式。采用液力变矩器和动力换挡变速箱组合传动装置，具有自动适应外负荷变化的能力，发动机不容易熄火，且可带负载换挡，减少换挡次数，操纵轻便灵活，作业效率高。缺点是成本高、维修较困难。

③ 全液压传动：全液压传动式推土机的传动装置结构紧凑。操纵轻便可实现原地转向。能在不同负荷工况下稳定发动机转速，充分利用发动机功率，静液压驱动可实现自动无级调速、运行平稳无冲击，但全液压式传动由于液压元件制造精度要求高、特别是低速大扭矩液压马达制造难度较大，增加了制造成本，且耐用度和可靠性较差，维修困难，故目前全液压式传动的推土机使用量尚不多。

④ 电气传动式：电气传动式采用电动机驱动，结构简单工作可靠，不污染环境作业效率高。此类推土机一般用于露天矿山开采或井下作业、因受电力和电缆的限制，电气传动式推土机的使用范围受到很大的限制。

3）按推土板安装方式分类

推土机按推土板安装方式分为固定式和回转式两种。

① 固定式：固定式又称为直铲式。铲刀与底盘的纵向轴线构成直角，铲刀切削角可以调整，大型和小型推土机采用较多

② 回转式：回转式又称为角铲式。铲刀除可调切削角外，还可在水平方向回转一定角度（±25°），因而可实现斜铲和侧铲作业，并实现侧向卸上，扩大了推土机的作业范围。现在大、中型推土机一般都采用回转式。

（2）推土机的型号

型号：用来表示履带式还是轮胎式，轮胎式以 L 表示；履带式无字母表示。

特性：液压式以 Y 表示，湿地式以 S 表示。

代号：T—履带式推上机；TY—履带液压推土机；TS—履带湿地推土机；TL—轮胎式推土机。

（3）推土机的运用

1）推土机的作业循环

推土机的作业循环是：切土—推土—卸土—倒退（或折返）回空。

切土时用Ⅰ挡速度（土质松软时也可用Ⅱ挡），以最大的切土深度（100～200mm）在最短的距离（6～8m）内推成满刀，开始下刀并保持随后提刀的操作应平稳，进入推土施工时应用Ⅱ挡或Ⅲ挡。

为保持满刀土推送，应随时调整推土刀的高低，使其刀刃与地面保持接触。卸土时按照施工要求，或者分层铺卸，或者堆卸。往边坡卸土时要特别注意安全，其措施一般是在卸土时筑成向边坡方向一段缓缓的上坡，并在边上留一小堆土，如此逐步向前推移。卸土后在多数情况下是倒退回空，回空时尽可能用高速挡。

2）推土机的作业形式

① 直铲作业：直铲作业是推土机最常用的作业方法，用于将土和石渣向前推送和场地平整作业。其经济作业距离为：小型履带推土机一般为50m以内；中型履带推土机为50～100m，最远不宜超过120m；大型履带推土机为50～100m，最远不宜超过150m；轮胎式推土机为50～80m，最远不宜超过150m。

② 侧铲作业：侧铲作业主要用于傍山铲土、单侧弃土。此时推土板的水平回转角一般为左右各25°，作业时能一边切削土壤，一边将土壤移至另一侧。侧铲作业的经济运距，一般较直铲作业时短，生产率较低。

③ 斜铲作业：斜铲作业主要应用在坡度不大的斜坡上铲运硬土及挖沟等作业。

推土板可在垂直面内上下各倾斜10°。工作时、场地的纵向坡度应不大于30°，横向坡度应不大于25°。

④ 松土作业：一般大、中型履带式推上机的后部可悬挂液压松土器进行作业。

松土器有多齿和单齿两种。多齿松土器挖凿力较小，主要用于疏松较薄的硬土、冻土层等；单齿松土器有较大的挖凿力，除了能疏松硬土、冻土外，还可以劈裂风化岩和有裂缝或节理发达的岩石，并可拔除树根；用重型单齿松土器劈松岩石的效率比钻孔爆破法高，为了提高劈松岩石的能力，也可用推土机助推。

（4）推土机主要技术性能参数

推土机主要技术性能参数见表 3-10。

推土机主要技术性能参数　　　　　表 3-10

性能指标 ＼ 型号		T165-2	ZD220S-3	D9R	PR752
推土铲容量（m³）		5.0	7.0	16	9.5
推土铲宽度（mm）		3297	4365	4298	4200
推土铲高度（mm）		1150	1970	1920	1650
最大提升高度（m）		1.25	1.3	1.55	1.44
最大下降量（m）		0.5	0.55	0.675	0.57
最大倾斜量（m）		4.5	0.5	0.5	1
最大牵引力（kN）		165	206	370	295
行走机构机	行走速度（km/h）	11.5	13.2	14.3	5.0/11.0
	最大爬坡能力	30°	30°	30°	35°
	履带中心距（mm）	1880	2250	2250	2180
	履带板宽度（mm）	500	610	610	600
	履带长度（mm）	3350	3480	3475	4075
	接地比压（kPa）	67	40	65	44
	最小离地间隙（mm）	350	450	685	625
发动机	生产厂商	潍柴	康明斯	卡特彼勒	利勃海尔
	型号	WD10G178E25	NT855-C280	3408C	D9406TI-E
	额定功率（kW）	125	162	292	243
	额定转速（rpm）	1650	1800	2250	1800
外形尺寸（mm）		5415×3295×3160	6330×3450×3320	9780×2980×3160	4880×2890×3640
整机重量（kg）		17200	25890	48720	34800

4. 平地机

平地机（图 3-43）是一种功能多、效率高的工程机械，适用于公路、铁路、机场、港口等大面积的场地平整作业，还可以进行轻度铲掘、松土、路基成型、边坡修整、浅沟开挖及铺路材料的推平成形作业。平地机具有高效能、高清晰度的平面刮削、平整作业能力，是土方工程机械化施工中重要的工程机械。

图 3-43　自行式平地机

（1）自行式平地机的工作原理

自行式平地机是用铲刀（刮土板）对土壤进行刮屑、平整和摊铺的土方作业机械，适用于Ⅰ～Ⅳ级土壤的平地作业，Ⅳ级以上土壤及冻土铲运时，应进行预松。作业时，铲刀和耙齿在机械起步后，逐渐切入土中，在铲刀和耙松作业时，必须采取低速挡进行；移土和平整作业，视情况适当提高行驶速度。对铲刀升降的调整应缓慢进行，避免每次操作操纵杆的时间过长，出现波浪形的铲削，影响下一道工序的进行。平地机主要用来平土、平整路基面、修整斜坡、边坡、填筑路堤等施工；在水利水电工程中，可用于修筑道路、渠道及平整场地和土坝施工中的平土作业；此外进行刮平地机还可以用来进行在路基上拌合路面材料并将其铺平、修整和养护土路、清除杂草和扫雪等作业。

（2）自行式平地机的分类

平地机是连续作业的轮式机械，有拖式和自行式两种类型。

拖式平地机由拖拉机牵引，用人力操纵其工作装置；自行式平地机则在其机架上装有发动机以供给动力，用以驱动机械行驶和各种工作装置进行工作，前者因机动性差、操纵费力，已被淘汰。目前常用的是液压操纵的自行式平地机。

自行式平地机根据轮胎数目，可分为四轮、六轮两种；根据车轮的转向情况，可分为前轮转向、后轮转向和全轮转向。根据车轮驱动情况有后轮驱动和全轮驱动。

自行式平地机驱动轮越多，在工作中所产生的附着力越大；转向轮数越多，机械的转弯半径越小。

平地机按铲刀长度和功率大小分为轻型、中型和大型。轻型平地机铲刀长度小于3000mm，功率在44～60kW，质量在5000～9000kg；中型平地机铲刀长度3000～3700mm，功率在66～111kW，质量在9000～14000kg；大型平地机铲刀长度大于3700mm，功率大于111kW，质量大于14000kg。

（3）平地机技术性能参数

表3-11为国内几种平地机的型号及主要技术性能参数。

平地机的型号及主要技术性能参数　　　　　　　　　表3-11

性能指标	型号	PY180	PY160B	PY160A
铲刀宽度（mm）		610	610	550
铲刀长度（mm）		3965	3660	3705
铲刀水平回转角度（°）		360	360	360
铲刀倾斜角度（°）		90	90	90
铲刀切土深度（m）		0.5	0.49	0.5
铲刀侧伸距离（m）		左1.27 右2.25	—	1.245 （牵引架居中）
铲土角（°）		36～60	40	30～65
松土器	松土器齿数	6	6	5
	松土宽度（m）	1.1	1.145	1.240
	最大入地深度（m）	0.15	0.185	0.180

续表

性能指标	型号	PY180	PY160B	PY160A
液压系统	齿轮液压泵型号	—	CBGF1032	CBF-E32
	额定压力（MPa）	18.0	15.69	16.0
	系统工作压力（MPa）		—	12500
发动机	参数　型号	6110Z-2J	6135K-10	6135K-10
	可变功率范围（kW）	132	118	118
	额定转速（rpm）	2600	2000	2000
外形尺寸（mm）		102800×3965×3305	8145×2575×3340	18146×2575×3285
整机重量（kg）		15400	14200	14700

5. 压实机械

压实机械主要用于道路基础、路面、建筑物基础、堤坝、机场跑道等压实作业，提高土石方基础的抗压强度和稳定性，使之具有一定的承载能力，不致因载荷的作用而产生沉陷。

压实机械按其工作原理的不同，可分为静力式压实机械、冲击式压实机械和振动式压实机械。

（1）静力式压实机械

静力式压实机械是利用机械本身自重和机上附加重量，通过碾压轮使被压实的土壤或路面材料产生一定深度的永久变形。静力式压实机械对土壤的加载时间长，有利于土壤的塑性变形。对黏土等压实效果较好，尤其对大面积压实的效率也较高，故适用于大型建筑和筑路工程中。

1）静力式光轮压路机

静力式光轮压路机的工作装置是由几个用钢板卷成或用铸钢铸成的圆柱形中空（内部可装压实材料）的滚轮组成，它是借助滚轮自重的静压力作用对被压层进行压实工作的，单位直线压力较小，由于土壤存在内摩擦力，因此静作用的压实作用和压实深度都受到限制，压实不均匀，且压实深度不大，一般用于分层压实。主要用于筑路工程的碾压路基、路面、广场和其他各类工程的地基。

静力式光轮压路机是由发动机、传动装置、行驶滚轮、操纵系统、机架和驾驶室部分组成。发动机是压路机的原动力。静力式光轮压路机一般采用柴油机作为动力设备，其安装在机架的前部。机架是压路机的骨架，机架上装有发动机、传动装置、操纵系统和驾驶室。机架的前端和后部分别支承在前后滚轮上。

2）轮胎式压路机

轮胎式压路机是由于胶轮的弹性所产生的揉压作用，使被实层的颗粒向各个方向产生位移，因此压实表面均匀而密实；同时由于胶轮的弹性变形，压实表面的接触面积比铁轮宽，使被压实的土壤在同一点上承受压力作用的时间长，故压实效率高于光轮压路机。

轮胎式压路机有增减配重，改变轮胎充气兄气的特性，并可改变其接地压力，因此轮胎式压路机对各种土壤都有良好的压实效果，除了沥青铺装层的整平作用外，几乎可适用于所有的压实工作，更显现出其优越的性能。轮胎式压路机的机动性好，有的还设置有洒水功能，具有一机多用的特点。

（2）冲击式压实机械

冲击式压实机械依靠机械的冲击力压实土壤，有利用二冲程内燃机原理工作的火力夯，利用离心力原理工作的冲击夯（图3-44）和利用连杆机构及弹簧工作的快速冲击夯等。其特点是夯实厚度较大，适用于狭小面积及基坑的夯实。

（3）振动式压实机械

振动式压实机械是利用偏心块（或偏心轴）高速旋转时所产生的离心力作用而对材料进行振动压实的。产生这种高频离心力的装置称为振动装置。

将振动装置装在压路机上称为振动式压路机，它适用于大面积的路基土壤和路面铺砌层的压实。

振动式压路机与静力式压路机相比，在同等结构重量的条件下，振动碾压的效果比静碾压高1～2倍，动力节省1/3，金属消耗节约1/2，且压实厚度大、适应性强。

振动式压路机的缺点是不宜压实黏性大的土壤，也严禁在坚硬的地面上振动，同时由于振动频率高，驾驶员容易产生疲劳，因此需要有良好的减振装置。

1）振动式压路机的分类

① 振动式压路机按行驶方法的不同可分为拖式、手扶式和自行式。

拖式振动压路机工作时由牵引车来拖驶；手扶式振动压路机（图3-45）本身能自行，但其行驶方向和速度需由驾驶员在机下手扶操作，故操作人员工作时需随机走动；自行式振动压路机工作时是由驾驶员直接在机上进行操作的，因此，一般大、中型振动压路机均采用自行式。

图3-44　冲击夯

图3-45　手扶式振动压路机

② 振动压路机按传动形式的不同，可分为机械式和机械液力式两种类型。

机械传动式柴油机的动力通过齿轮链条等机械传动来驱动压路机走行和使碾压轮产生振动的；机械液力式传动是柴油机的动力通过齿轮油泵产生高压油，从而使碾压轮产生振动，并通过机械传动使压路机行走。

③ 振动式压路机按振动压路机自身重量的不同，可分为轻型（0.5～2t）、中型（2～4.5t）和重型（8t 以上）三种。

④ 振动式压路机按工作轮形式的不同，可分为全钢轮式（图 3-46）和组合轮式两种类型。全钢轮式振动压路机的前后轮均为钢轮，并且前轮为振动轮（即：驱动轮），后轮为转向轮。组合轮式振动压路机（图 3-47）的前轮为钢轮，后轮为胶轮。

图 3-46　全钢轮式振动压路机

图 3-47　组合轮式振动压路机

2）振动式压路机主要技术性能参数

振动式压路机主要技术性能参数见表 3-12。

振动式压路机主要技术性能参数　　　　表 3-12

性能参数	型号	XS302	620D	STR130C
压轮宽度（mm）		2130	2130	2135
静线载荷（kN/m）		84.5	46.5	31
振动频率（低/高）（Hz）		27/33	30/32	40/50
名义振幅（高/低）（mm）		2.0/1.0	2.0/1.0	0.7/0.3
激振力（高/低）（kN）		520/390	400/210	140/90
行走机构机	行走速度（km/h）	10	13.2	11
	摇摆角（°）	±10	±10	±6
	转向角（°）	±33	±33	±30
	最大爬坡能力（°）	40	30	30
	最小转弯半径（m）	7.180	6.850	6.850
发动机	生产厂商	DEUTZ	康明斯	DEUTZ
	型号	BF6M1013ECP	NT855-C280	BF4M2102C
	额定功率（kW）	179	164	98
	额定转速（rpm）	2200	1850	2100
前轮分配质量（kg）		18000	10000	6750
后轮分配质量（kg）		12000	10000	6750
整机工作质量（kg）		30000	20000	13500

（四）桩 工 机 械

桩基础是建筑工程中常用的基础形式。桩可分为预制桩和灌注桩。预制桩有预应力钢筋混凝土方桩、管桩、钢管桩、H形钢桩等，采用锤击的方法将其打入土壤中。灌注桩是先成孔后在孔内灌注成桩。

桩工机械按动作原理可分为：冲击式、振动式、静压式和成孔灌注式等。

柴油打桩机属于冲击式，结构简单、工作可靠、使用方便，能锤击各种规格的桩，但工作时振动大、噪声大。

振动沉拔桩机属于振动式，体积小、质量轻，在没有专用桩架的情况下，也能打桩，但仅适用小型桩。

静力压桩机工作时无振动、无噪声，但机械本身笨重、价格高、移动不方便。

灌注桩机扩大了桩的直径和长度（深度），提高了地基的承载能力。

1. 桩架

桩架是支持桩身和桩锤，沉桩过程中引导桩的方向，并使桩锤能沿着要求的方向冲击的打桩设备。由于桩架结构要承受自重、桩锤重、桩及辅助设备等重量，所以要求有足够的强度和刚度。在打桩过程中，移动打桩设备及安装桩锤等所需时间较长，所以选择适当的桩架，可以缩短辅助工作时间，可按照桩锤的种类、桩的长度、施工条件选择。

桩架要求稳定性好，主机重心低，接地面积较大，桩机在行走移位及打桩过程中具有较强的抗倾覆稳定性，并能保证打桩有较高的入桩垂直度；施工桩位灵活，快速找准桩位；桩架可挂各种锤头，如导杆锤、筒式锤、液压锤等；桩机连接部位简单可靠，转场时桩机安装和拆卸极为方便。桩架按照行走方式主要有轨道式、履带式、步履式、走管式。本节主要介绍履带式和步履式桩架。

（1）履带式桩架

履带式桩架可不用铺设轨道，在地面上自行运行。按工作时支承形式分主要有悬挂式和三点式履带桩架。

1）悬挂式履带桩架是以履带式起重机为底盘，配置起重臂悬吊桩架的立柱，并与可伸缩的支撑相连接而成。由于桩架、桩锤及桩的总重量较大，应对选用起重机的吨位进行核算，必要时可增加配重。这种桩架横向承载能力较弱，且由于立柱必须竖直不能倾斜安装，故不能打斜桩。

2）三点式履带桩架的立柱是由两个斜撑杆和下部托架构成的，中间立柱及两侧斜撑构成三个支持点，故称三点式。三点式也是以履带起重机为底盘，但要拆除起重臂杆，增加两个斜撑杆，斜撑的下支座为两个液压支腿，可进行调整。立柱可以倾斜，以适应打斜桩的需要。三点式在性能方面优于悬挂式，因三点式的工作幅度小，故稳定性好，另外横向载荷能力大。悬挂式履带桩架如图3-48所示，三点式履带桩架如图3-49所示。

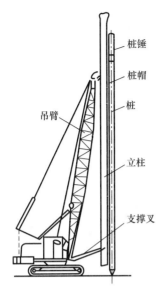

图 3-48　悬挂式履带桩架

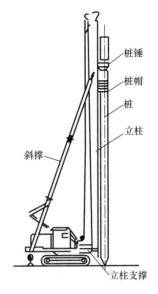

图 3-49　三点式履带桩架

（2）步履式桩架

步履式桩架一般采用全液压步履式底盘配立柱及斜支撑组成，利用步履式底盘四个支腿升降液压缸和长、短船行走机构及回转台，能实现桩机自身的快速、灵活转移。长、短船接地面积大、接地比压小，施工场地适应能力强，对桩方便快捷，操作简单，可大大缩短施工辅助作业时间，减轻工人的劳动强度，拆装简单、方便，可自行起落导向立柱，安全可靠，主机能利用自身底盘自装自卸，无须大吨位吊车配合，转场搬运方便、快捷、费用低。能与多种型号的柴油锤、液压锤和螺旋钻具等配套，组成各种规格型号的柴油打桩机（图 3-50）、液压打桩机、CFG 长螺旋钻机（图 3-51）等，广泛适用于各种桩基础工程施工。

图 3-50　柴油打桩机

图 3-51　长螺旋钻机

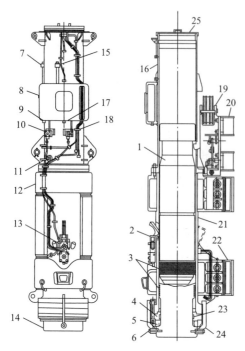

图 3-52　MH72B 型筒式柴油锤构造图

1—上活塞；2—燃油泵；3—活塞环；4—外端环；5—橡胶环；6—橡胶环导向，7—燃油进口；8—燃油箱；9—燃油排放旋塞；10—燃油阀；11—上活塞保险螺栓；12—冷却水箱；13—润滑油泵；14—下活塞；15—燃油进口；16—上气缸；17—润滑油排放塞；18—润滑油阀；19—起落架；20—导向卡；21—下气缸；22—下气缸导向爪卡；23—铜套；24—下活塞保险卡；25—顶盖

2. 柴油桩锤

柴油桩锤是柴油打桩机的主要装置，按构造不同分为导杆式和筒式两种。

（1）筒式柴油锤

图 3-52 为 MH72B 型筒式柴油锤构造图。它由锤体、燃油供应系统、润滑系统、冷却系统和起落架组成。

筒式柴油桩锤是特殊的二冲程发动机（图 3-53），工作原理为：桩锤借助桩架的卷扬机将上活塞吊至一定高度，上活赛提升时完成吸气和燃油泵吸油过程；上活塞下落时一部分动能用于对缸内的空气进行压缩，使其达到高温高压状态；另一部分动能则转化成冲击的机械能，对下活塞进行强力冲击，使桩下沉，与此同时，下活塞顶部球碗中的燃油被冲击成雾状；雾化了的柴油与高温高压空气混合，自行燃烧、爆发膨胀，一方面下活塞再次受到冲击二次打桩，另一方面推动上活塞上升，增加势能；上活塞继续上升越过进、排气口时，进、排气口打开，排出缸内的废气，当上活塞跳越过燃油泵曲臂时，燃油泵吸入一定量的燃油，以供下一个工作循环向缸内喷油；丝杠活塞继续上行，汽缸内容积增大，压力下降，新鲜空气被吸入缸内；

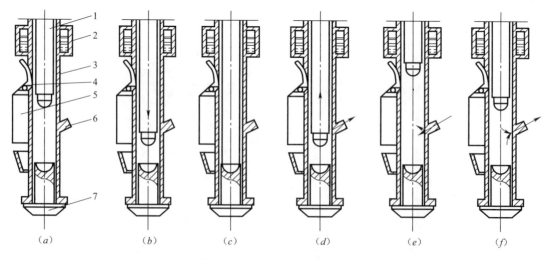

（a）　　　　　（b）　　　　　（c）　　　　　（d）　　　　　（e）　　　　　（f）

图 3-53　筒式柴油锤工作原理

（a）压缩；（b）冲击雾化；(c）燃烧（爆发）；（d）派气；（e）吸气；（f）扫气

1—上活塞；2—柴油箱；3—上气缸；4—燃油泵曲臂；5—燃油泵；6—进、排气孔；7—锤座

上活塞上升到一定高度，失去动能，又靠自重自由下落，下落到进、排气口前，将缸内空气扫出一部分至缸外，然后继续下落，开始下一个工作循环。

（2）导杆式柴油锤

导杆式柴油锤是公路桥梁、民用及工业建筑中常使用的小型柴油锤。根据柴油锤冲击部分（气缸）的质量可分为 D_1-600、D_1-1200、D_1-1800 三种。它的特点是整机质量轻，运输安装方便，可用于打木桩、板桩、钢板桩及小型钢筋混凝土桩，也可用来打砂桩与素混凝土桩的沉管。导杆式柴油锤（图 3-54）由活塞、缸锤、导杆、顶横梁、起落架和燃油系统组成。

导杆式柴油桩锤工作原理（图 3-55）基本与二冲程柴油发动机相似。工作时卷扬机将气缸提起挂在顶横梁上。拉动脱钩杠杆的绳子，挂钩自动脱钩，气缸沿导杆下落，套住活塞后，压缩缸内的气体，气体温度迅速上升（图 a）。当压缩到一定程度时，固定在气缸 4（图 b）的撞击销 11 推动曲臂 7 旋转，推动燃油泵

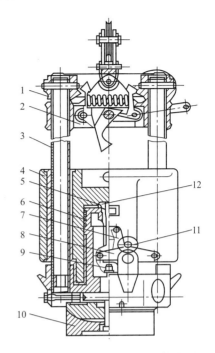

图 3-54　导杆式柴油打桩锤构造图

1—顶横梁；2—起落架；3—导杆；
4—气缸锤；5—喷油嘴；6—活塞；
7—曲臂；8—油门调整杆；9—液压泵；
10—桩帽；11—撞击销；12—燃烧室

柱塞，使燃油从喷嘴 5 喷到燃烧室 12。呈雾状的燃油与燃烧室内的高温高压气体混合，立即自燃爆炸（图 c），一方面将活塞下压，打击桩下沉，一方面使气缸跳起，当气缸完全脱离活塞后，废气排出，同时进入新鲜空气（图 d）。当气缸再次下落时，一个新的循环开始。

3. 振动桩锤

（1）构造组成

利用高频振动（700～1800 次/min）所产生的力量，将桩沉入土层的机构称为振动沉桩机，通常简称为振动桩锤。它可以把桩沉入土层，也可以把桩从土层中拔起。振动桩锤主要由原动机（电动机、液压马达）、激振器、支持器和减振器组成。振动桩锤的优点是工作时不损伤桩头、噪声小、不排出任何有害气体、使用方便，可不用设置导向桩架，使用普通起重机吊装即可工作，不仅能施工预制桩，而且也适合施工灌注桩。图 3-56 所示为国产 DZ-8000 型振动桩锤。

（2）主要技术性能参数

振动桩锤的型号及主要技术性能参数见表 3-13。

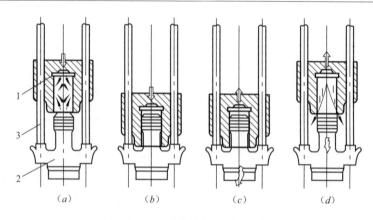

图 3-55　导杆式柴油打桩锤工作原理

(a) 压缩；(b) 供油；(c) 燃烧；(d) 排气、吸气

1—缸锤（气缸）；2—活塞；3—导杆

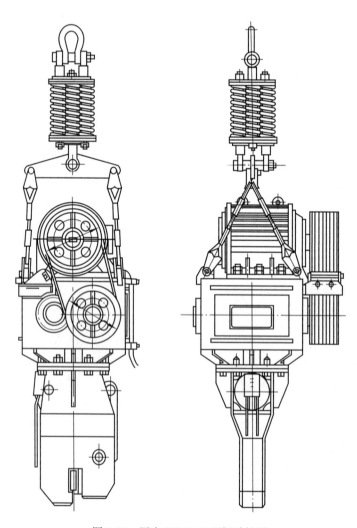

图 3-56　国产 DZ-8000 型振动桩锤

型号 性能参数	DZ22	DZ90	DZJ60	DZJ90	DZJ240	VM2-4000E	VM2-1000E
电动机功率（kW）	22	90	60	90	240	60	394
静偏心力矩/（N·m）	13.2	120	0～353	0～403	0～3528	300、360	600、800、1000
激振力（kN）	100	350	0～477	0～546	0～1822	335、402	669、894、1119
振动频率（Hz）	14	8.5	—	—	—	—	—
空载振幅（mm）	6.8	22	0～7.0	0～6.6	0～12.2	7.8、9.4	8、10.6、13.3
允许拔桩力（kN）	80	240	215	254	686	250	500

振动桩锤的型号及主要技术性能参数 　　表 3-13

4. 静压桩机

使用静力将桩压入土层中的机械称为静压桩机。根据施加静力的方法和原理和不同，它可分为机构式和液压式两种。

图 3-57 所示为 YZY-500 型静压桩机，它由支腿平台结构、行走机构、压桩架、配重块、起重机、操作室等部分组成。

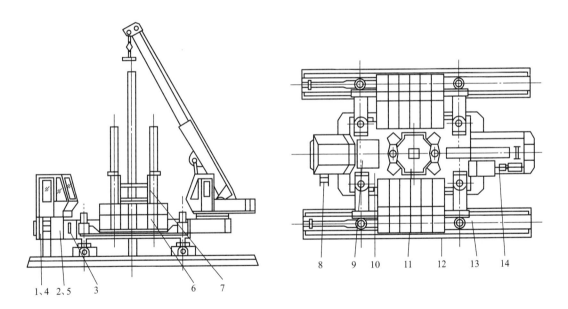

图 3-57　YZY—500 型静压桩机构造示意图
1—操作室；2—液压总装室；3—油箱系统；4—电气系统；5—液压系统；6—配重块；
7—竖向压桩架；8—楼梯；9—踏板；10—支腿平台结构；11—夹持机构；12—长船行走机构；
13—短船行走及回转机构；14—起重机

图 3-58 所示为 YZY—400 型静压桩机，它与 YZY—500 型静压桩机构造上的主要区别在于长船与短船相对平台的方向转动了 90°。

技术性能参数

YZY 系列静压桩机主要技术性能参数见表 3-14。

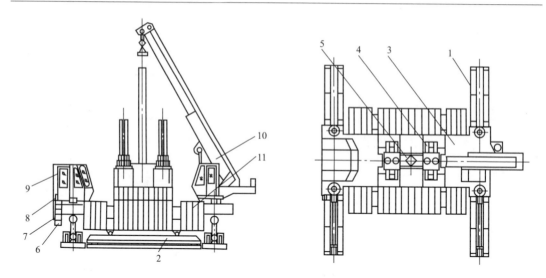

图 3-58　YZY—400 型静压桩机

1—长船；2—短船回转机构；3—平台；4—导向机构；5—夹持机构；6—梯子；7—液压系统；

8—电气系统；9—操作室；10—起重机；11—配重梁

性能参数		型号 YZY200	YZY280	YZY400	YZY500
最大压入力（kN）		2000	2800	4000	5000
单桩承载能力（参考值）（kN）		1300～1500	1800～2100	2600～3000	3200～3700
边桩距离（m）		3.9	3.5	3.5	4.5
接地压力（MPa）长船/短船		0.08/0.09	0.094/0.12	0.097/0.125	0.09/0.137
压桩桩段截面尺寸（长×宽）（m）	最小	0.35×0.35	0.35×0.35	0.35×0.35	0.4×0.4
	最大	0.5×0.5	0.5×0.5	0.5×0.5	0.55×0.55
行走速度（长船）/(m/s)	伸程	0.09	0.088	0.069	0.083
压桩速度/(m/s)慢（2缸）/快（4缸）		0.033	0.038	0.025/0.079	0.023/0.07
一次最大转角/rad		0.46	0.45	0.4	0.21
液压系统额定工作压力（MPa）		20	26.5	24.3	22
配电功率（kW）		96	112	112	132
工作吊机	起重力矩（kN·m）	460	460	480	720
	用桩长度（m）	13	13	13	13
整机质量	自重质量（kg）	80000	90000	130000	150000
	配重质量（kg）	130000	210000	290000	350000
拖运尺寸（宽×高）（m）		3.38×4.2	3.38×4.3	3.39×4.4	3.38×4.4

YZY 系列静压桩机主要技术性能参数　　　　　表 3-14

5. 旋挖钻机

　　旋挖钻机（图 3-59）是一种适合建筑基础工程中成孔作业的建筑机械，主要适于砂土、黏性土、粉质土等土层施工，广泛应用于市政建设、公路桥梁、高层建筑等基础工程。配合不同钻具，适应于干式（短螺旋）、湿式（回转斗）及岩层（岩心钻）的成孔作业，旋挖钻机具有装机功率大、输出扭矩大、轴向压力大、机动灵活，施工效率高及多功能等特点。目前旋挖钻机已被广泛应用于各种钻孔灌注桩工程。通过更换不同的工作装置可进行钻孔桩、地下连续墙、预制桩、咬合桩、全套管钻进等施工。

图 3-59　旋挖钻机

（1）工作原理

旋挖钻孔施工是利用钻杆和钻斗的旋转，以钻斗自重并加液压作为钻进压力，使土屑装满钻斗后提升钻斗出土。通过钻斗的旋转、挖土、提升、卸土和泥浆置换护壁，反复循环而成孔。其成桩工艺为：旋挖钻机就位→埋设护筒→钻头轻着地后旋转开钻→当钻头内装满土砂料时提升出孔外→旋挖钻机旋回，将其内的土砂料倾倒在土方车或地上→关上钻头活门，旋挖钻机旋回到原位，锁上钻机旋转体→放下钻头→钻孔完成，清孔并测定深度→放入钢筋笼和导管→进行混凝土灌注→拔出护筒并清理桩头沉淤回填，成桩。

（2）构造组成

旋挖钻机的结构如图 3-60 所示。旋挖钻机一般采用液压履带式伸缩底盘、自行起落可折叠钻桅、伸缩式钻杆、带有垂直度自动检测调整、孔深数码显示等，整机操纵一般采用液压先导控制、负荷传感，具有操作轻便、舒适等特点。主、副两个卷扬可适用于工地多种情况的需要。旋挖钻机就位后，先通过变幅机构对钻桅姿态和钻孔作业半径进行调整对孔，即可开始钻孔作业。在钻孔作业过程中，主卷扬浮动，动力头液压马达经减速机减速及大、小齿轮减速后带动钻杆旋转，同时加压液压缸经动力头向钻杆提供垂直向下的加压力，实现钻进作业。待钻具内钻渣容量达到规定后，动力头的驱动马达停止运转，主卷扬回转，提升钻具至地面；转台回转至地面卸渣位置卸渣；转台回位至钻孔位置，主卷扬回转，下放钻具至孔底，开始下一个循环作业。

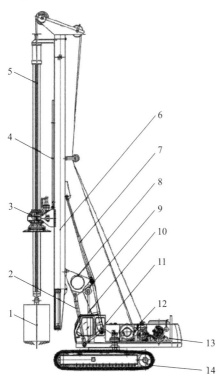

图 3-60　旋挖钻机整体结构

1—钻具；2—连杆；3—动力头；4—加压液压缸；5—钻杆；6—钻桅；7—钻桅变幅液压缸；8—三脚架；9—动臂；10—动臂变幅液压缸；11—驾驶室；12—主卷扬；13—回转平台；14—底盘

旋挖钻机三种常用的钻头结构为：短螺旋钻头、单层底旋挖钻斗、双层底旋挖钻斗。旋挖钻头以短螺旋钻头为主，它主要靠螺旋叶片之间的间隙来容纳从孔底切削下来的土、砂砾等，这种钻头结构简单、造价低。地层较好时，使用它也可达到好的效果，如果地下砂砾石较多或含水较多时，在提钻时很容易掉块，钻进效率低，甚至不能成孔。

在地下水位较高或含砂砾较多的地层，多数旋挖钻机采用单层底旋挖钻斗钻进，用静压泥浆护壁，这种钻孔工艺明显优于短螺旋钻头钻孔。最早的旋挖钻斗是单层底，在底下方有两扇对称的仅可向斗内打开的合页门。当钻斗钻进时，孔底切削下来的土、砂经合页门压入斗内；在提钻时，在斗内土砂的重力作用下，两扇门向下关闭，以阻止砂土漏回孔内。由于这种重力作用不是十分可靠，常发生合页门关闭不严，造成砂土漏回孔内，降低了钻进效率，影响孔底清洁度。

双层底的旋挖钻斗是在原单层底钻斗的基础上开发的。特点是 2 层底可以相对回转一个角度，以实现斗底进土口的打开与关闭。即在顺时针旋转切削时，底部的进土口为开放状态，当钻完一个回次后，将钻斗逆时针旋转一个角度，致使进土口强行关闭，从而使切削物完整地保存在斗内。

旋挖钻机的钻杆采用 4 节或 5 节伸缩内锁式钻杆。钻杆与动力头采用长牙嵌内锁式连接方式。顶端与上滑动板用无齿回转支承相连，下端带有弹簧缓冲，上端用可滑转万向节与主卷钢丝绳相连，下端采用方形截面杆通过销轴与钻头相连，每只钻头应与方形截面杆相配，具有互换性。

动力头是钻机工作的动力源，它驱动钻杆、钻头回转，并能提供钻孔所需的加压力、提升力，能满足高速甩土和低速钻进两种工况。动力头驱动钻杆、钻头回转时应能根据不同的土壤地质条件自动调整转速与扭矩，以满足不断变化的工况。国内的动力头为液压驱动，齿轮减速，可实现双向钻进和抛土作业，主要由回转机构、动力驱动机构及支撑机构等组成。回转机构主要由齿轮与钻杆互锁的套管、回转支承、密封件等组成。另外，支撑机构由滑槽、支座上盖与液压缸连接件等组成，均为焊接结构件，应充分考虑其内部润滑，并应有润滑油高度显示。

旋挖钻机的变幅机构一般采用两级变幅液压缸，平行四边形连杆机构。上端一级变幅液压缸两端具有万向节，便于调整。钻桅截面形式为梯形截面，钻桅下端有液压垂直支腿，上端有两套滑轮机构，上下两端均可折叠，钻桅左右可调整角度为 ±5°，前倾可调整角度为 5°，后倾可调整角度为 15°。

旋挖钻机的卷扬有主副卷两种。卷扬的结构采用卷扬减速机，具有卷扬、下放、制动功能，卷筒自行设计，主卷扬应具有自由下放功能，且实现快、慢双速控制。主、副卷扬应配有压绳器。

旋挖钻机的底盘一般为液压驱动、轨距可调、刚性焊接式车架、履带自行式结构。底盘主要包括车架及行走装置，行走装置主要由履带张紧装置、履带总成、驱动轮、导向轮、承重轮、托链轮及行走减速机等组成。

（3）技术性能参数

旋挖钻机的额定功率一般为 125～450kW，动力输出扭矩为 120～400kN・m，最大成孔直径可达 1.5～4m，最大成孔深度为 60～90m，可以满足各类大型基础施工的要求。旋挖钻孔型号与技术性能参数见表 3-15。

旋挖钻孔型号与技术性能参数　　　　　　　表 3-15

性能参数 ＼ 型号	SWDM42	SWDM06	SWDM36	YTR100	YTR420	XR220D	XRS1050	SR280R
最大输出转矩（kN·m）	418	60	418	105	420	220	390	285
最大钻孔深度（斗钻工法）（m）	105（6节）/85（5节）	28（4节）/19（3节）	96（6节）/77（5节）	50	120	标配 67.5	标配 86	
最大钻孔直径（带套管/不带套管）（m）	2/3	0.7/1	2/2.5	1.5	3	2	2.5	
最大加压力（kN）	340	100	340	120	350	200	240	230
最高工作转速（r/min）	6～24	8～35	6～24	8～35	6～20	7～22	7～18	7～30
主卷扬钢丝绳直径（mm）	40	20	40	26	42	—	—	32
主卷扬最大单绳拉力（kN）	450	80	360	145	450	230	400	256
副卷扬最大单绳拉力（kN）	110	30	110	60	120	80	100	110
桅杆可调角度（°）　侧向倾角	±4	±5	±5	3	3	±4	±4	±6
前倾角度	5	5	5	3	5	5	5	5
后倾角度	15	90	90	—	—	15	15	5
发动机型号	康明斯QSX15-C540-T2	ISUZU QSX15-C540-T2	康明斯QSX15-C540-T2	维柴WP6G175E22	康明斯QSX-15	康明斯QSL-325	康明斯QSM11-C400	

6. 成槽机

成槽机又称开槽机，是施工地下连续墙时由地表向下开挖成槽的机械装备。作业时根据地层条件和工程设计在土层或岩体开挖成一定宽度和深度的空形槽，槽中放置钢筋笼再灌注混凝土而形成地下连续墙体。

成槽机有冲击钻铣削式、多头钻铣削式、液压铣削式、冲抓斗式等。成墙厚度可为 400～1500mm，一次施工成墙长度可为 2500～2700mm。为了保证成槽的垂直度，成槽机设有随机监测纠偏装置。

（1）铣削式成槽机

1）成槽机的主要部件如图 3-61 所示。

2）技术参数

成槽机一般铣削深度 30～50m；

成槽机最大铣削深度可达 130m 左右；

成槽机铣削刀盘轮转速 0～30rpm；

铣削成槽厚度 0.6～3.2mm；

成槽机铣削扭矩 81～135kN·m；

吸力泵泵送能力 450～700m³/h；

铣削式成槽机配置功率 270～634kW

3）铣削式成槽机工作原理

铣削式成槽机利用液压马达驱动刀盘破碎岩土，依靠

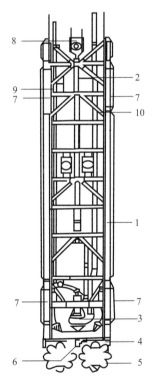

图 3-61　成槽机主要部件
1—成槽机架，2—切削进给液压缸，3—泥浆泵，4—齿轮减速箱，5—刀盘轮，6—吸泥箱，7—纠偏板，8—滑轮，9—液压软管，10—泥浆软管

泵吸反循环排渣，以及通过地面泥砂处理、泥浆再回送到槽段。具体工作是这样的：沉重的成槽机架确保成槽工作的稳定性，机架底部设置有两套镶有合金刀头的鼓轮组成的刀盘。工作时两鼓轮旋转方向相反，经两个铣削鼓轮破碎的岩土，由吸泥泵、输送管输送到地面上的泥浆处理装置内。泥浆经处理后，粗渣由运输车运出工地排放，处理过的泥浆再送回到槽段内。地面还设有膨润土补充装置，如此连续工作，一直达到成槽的设计标高。成槽机所有液压设备的压力油都是由吊机动力包供给的。成槽机鼓轮驱动是低速大扭矩液压马达。成槽机铣削量是由机架上的液压缸来实现。铣削切削压力有一定的控制范围，一般在 160～200kN。导向架上还装有纠偏测量仪确保成槽的精度。成槽机机架始终由起重机悬吊状态。切削进刀由机架上的长行程液压缸控制。

（2）液压抓斗

常用的液压抓斗成槽机按结构形式分：悬吊式、导板式（半导式）和倒杆式（全导式）。悬吊抓斗由于刃口闭合力大，成槽深度大，同时配有自动纠偏装置可保证抓斗的工作精度，是大中型地下连续墙施工的主要机械。导板式抓斗成槽机由于结构简单、成本低，使用也比较普及。倒杆式抓斗有一个可伸缩的折叠式导杆作导向，可以保证成槽的垂直度。由于导杆的长度有限，成槽深度一般不超过 40m，应用并不广泛。

钢丝绳悬吊式液压抓斗（图 3-62）采用吊车的钢丝绳进行升降，通过安装于抓斗上部的液压缸驱动加紧机构来完成抓斗的闭合。BAUER 公司的 DHG 系列钢丝绳悬吊液压抓斗配用的 BS 系列吊车。液压抓斗挖掘岩土是用 1～4 个液压缸来驱动，抓斗的闭合力可达到 800～1800kN，因此其生产效率高，挖掘深度大。这类抓斗配基础工程专用吊车，如德国 BAUER 公司的 DHG60 型钢丝绳悬吊液压抓斗配用的 BS655 吊车，配置有 2 个拉力各为 160kN 的卷筒，当用抓斗正常挖掘时，抓斗使用两个卷筒的钢丝绳。当遇到较硬岩层，抓斗无法有效抓取时，两个卷筒的钢丝绳则分别由抓斗和冲击重锤使用。尤其是遇到软硬交替地层作业时，这种结构设计让操作非常方便。为了在使用中为掌握垂直精度，可为钢丝绳悬吊式液压抓斗配置测斜仪。为了提高抓斗工作稳定性，在抓斗的上下、左右及前后

图 3-62　钢丝绳抓斗

共装有 8 块可调整的导向板，抓斗上装有控制前后左右倾斜的电子装置，根据倾斜程度，通过电子装置对导向板予以调整，能够保证较高的垂直精度。

意大利 soilmec 公司为代表的半导杆式抓斗，抓斗可进行 ±180°调向，一正一反两个抓槽来进行纠偏，例如，BH-8 和 BH-12 型抓斗，能够通过 ±180 度的抓斗旋转来调整抓挖时的偏斜，如图 3-63 所示。

图 3-63　半导杆式抓斗成槽机

（3）成槽施工原则

1）成槽机垂直度控制

① 成槽过程中利用成槽机的显示仪进行垂直度跟踪观测，做到随挖随纠，达到 0.3% 的垂直度要求。

② 合理安排每个槽段中的挖槽顺序，使抓斗两侧的阻力均衡。

③ 成槽结束后，利用超声波监测仪检测垂直度，如发现垂直度没有达到设计和规范要求，及时进行修正。

2）成槽挖土

挖槽过程中，抓斗出入槽应慢速、稳当，根据成槽机仪表及实测的垂直度及时纠偏。在抓土时槽段两侧采用双向闸板插入导墙，使导墙内泥浆不受污染。

3）槽深测量及控制

① 挖槽时应做好施工记录，详细记录槽段定位、槽深、槽宽等，若发生问题，及时分析原因，妥善处理。

② 槽段挖至设计高程后，应及时检查槽位、槽深、槽宽等，合格后方可进行清底。

③ 成槽过程中利用成槽机的显示仪进行槽深跟踪观测，做到随挖随纠，达到设计要求。

④ 槽深采用标定好的测绳测量，每幅根据其宽度测 2～3 点，同时根据导墙标高控制挖槽的深度，以保证设计深度。

⑤ 清底应自底部抽吸并及时补浆，清底后的槽底泥浆比重不应大于 1.15，沉淀物淤积厚度不应大于 100mm。

4）槽段分段部位控制

槽段划分应综合考虑工程地质和水文地质情况、槽壁的稳定性、钢筋笼重量、设备起吊能力、混凝土供应能力等条件。槽段分段接缝位置应尽量避开转角部位，并与诱导缝位置相重合。

5）导墙拐角部位处理

成槽机械在地下墙拐角处挖槽时，即使紧贴导墙作业，也会因为抓斗斗壳和斗齿不在成槽断面之内的缘故，而使拐角内留有该挖而未能挖出的土体。为此，在导墙拐角处根据所用的挖槽机械端面形状相应延伸出去 3m，以免成槽断面不足，妨碍钢筋笼下槽。

（五）混凝土机械

按照混凝土工程的施工工序，混凝土机械归纳为三大类：

（1）混凝土搅拌机械：按配合比准备各种混凝土的原材料，并均匀拌合成新鲜混凝土的生产设备，包括混凝土搅拌机、混凝土搅拌楼等。

（2）混凝土运输机械：新鲜混凝土从制备地点，送到建筑结构的成型现场模板中去的机械，包括混凝土搅拌车、混凝土输送泵等。

（3）混凝土振捣密实成型机械：使混凝土密实地填充在模板中或喷涂在构筑物表面，使之最后形成建筑结构或构件的机械。

1. 混凝土搅拌运输车

混凝土搅拌运输车（图 3-64）是运输混凝土的专用车辆，在运输过程中装载混凝土的搅拌筒能缓慢旋转，可有效地防止混凝土的离析，从而保证混凝土的输送质量。

图 3-64　混凝土搅拌运输车

（1）混凝土搅拌运输车的构造组成

混凝土搅拌运输车是由汽车底盘和搅拌装置构成的，其构造如图 3-65 所示。

（2）混凝土搅拌运输车的技术性能参数

混凝土搅拌运输车生产厂和机型较多，现以某企业机型为例介绍其主要技术性能参数，见表 3-16。

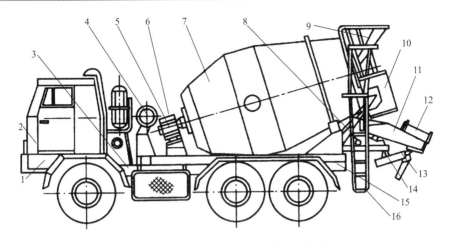

图 3-65　混凝土搅拌运输车构造示意图

1—液压泵；2—取力装置；3—油箱；4—水箱；5—液压马达；6—减速器；7—搅拌筒；
8—操纵机构；9—进料斗；10—卸料槽；11—出料斗；12—加长斗；13—升降机构；
14—回转机构；15—机架；16—爬梯

混凝土搅拌运输车的型号及主要技术性能参数

表 3-16

产品名称			欧曼 12m³（国Ⅲ）	东风 10m³（国Ⅲ）	广汽日野 10m³
性能参数		型号	HDJ5253GJBAU	HDJ5252GJBDF	HDJ5256GJBGH
	车辆总重量（kg）		25000	25000	25000
外形尺寸	总长（mm）		9996	9390	9000
	总宽（mm）		2500	2500	2500
	总高（mm）		3900	3898	3960
拌筒性能参数	拌筒几何容积（m³）		19.23	15.64	15.64
	拌筒有效容积（m³）		12	10	10
	填充率%		62.4	64	64
	进料速度（m³/min）		≥3	≥3	≥3
	出料速度（m³/min）		≥2	≥2	≥2
	剩余率（%）		≤1.0	≤1.0	≤1.0
	坍落度（mm）		50～210	50～210	50～210
	拌筒转速（rpm）		0～14	0～17	0～17
	拌筒倾斜角（°）		10	13	13
	驱动系统	减速机/泵	原装进口件	原装进口件	原装进口件
		液压回路	闭路循环	闭路循环	闭路循环
供水系统	水箱容积 L/供水方式		500/电动水泵/气压式	500/电动水泵/气压式	500/电动水泵
整车性能及参数	轴距（mm）		3975+1350	3800+1350	3640+1410
	最高车速（km/h）		78	75	90
	最小转弯直径（m）		/	16.5	17
	离合器		/	膜片拉式	单片干式
	变速器		/	9 前进、机械手动	9 前进、机械手动

续表

产品名称	欧曼 12m³（国Ⅲ）	东风 10m³（国Ⅲ）	广汽日野 10m³
性能参数　型号	HDJ5253GJBAU	HDJ5252GJBDF	HDJ5256GJBGH
整车性能及参数	驱动形式	6×4	6×4	6×4
	转向机构	动力转向	动力转向	循环球式
	制动器	气压双回路	气压双回路	气压双回路
	轮胎	12.00-20，12.00R20	11.00-20/12.00-20/12.00R20	11.00-20/295/80R22.5
	底盘	BJ5253GMFJB-S	dci340-30（雷诺）	YC1250FS2PM
发动机参数	型号	WP10.336	MDB3	P11C-VUJ
	型式	四冲程、水冷直接喷射附涡轮增压及中置冷却器柴油	风冷电控柴油机	直列、水冷、四冲程、增压中冷
	缸数及排列	直列六缸	直列六缸	直列六缸
	总排量（L/kW）	9.726/247	11.12/250	10.52/259

2. 混凝土泵及泵车

混凝土泵是指将混凝土从搅拌设备处通过水平或垂直管道，连续不断地输送到浇筑地点的一种混凝土输送机械。这种输送方法既能保证质量，又有减轻劳动强度，既可水平输送，也可垂直输送，特别是在场地狭窄的施工现场，更能显示其优越性。

混凝土泵按移动方式分为固定式、拖式、汽车式、臂架式等。按构造和工作原理分为活塞式、挤压式和风动式。其中活塞式混凝土泵又因传动方式不同而分为机械式和液压式两类。

（1）混凝土泵及泵车的构造组成

1）液压活塞式混凝土泵

液压活塞式混凝土泵是目前工程中应用最普遍的一种，如图 3-66 所示。活塞泵送系统如图 3-67 所示，包括主液压缸、水箱、输送缸、摆缸、S 管阀及料斗等部分。图示为 S 管阀摆到输送缸 9 的位置，此时高压油进入主液压缸 1 的无杆腔和主液压缸 7 的有杆腔，带动活塞 3 向左运动并从料斗吸入混凝土料，而活塞 10 向右运动，混凝土料经 S 管阀排出并被输送到机外。当 S 管阀摆到输送缸 2 的位置时，高压液压油进入主液压缸 7 的无杆腔和主液压缸 1 的有杆腔，则输送缸 9 吸料而输送缸 2 排料，这样周而复始运动，最终将

图 3-66　液压活塞式混凝土泵

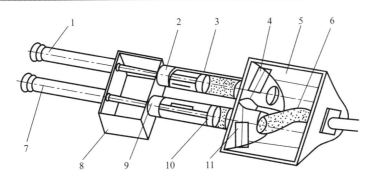

图 3-67　活塞泵送系统结构示意图

1、7—主液压缸，2、9—输送缸，3、10—活塞，4、11—摆缸，5—料斗，6—S管阀，8—水箱

料斗的混凝土料压入到输送管并输送到指定施工点。活塞式混凝土泵的排量，取决于混凝土缸的数量和直径、活塞往复运动速度和混凝土缸吸入的容积效率等，常见的控制主液压缸和摆缸循环换向的方式有电控换向和液控换向两种。

　　液压活塞式混凝土泵按型式分为：固定式混凝土泵（HBG）——把泵固定安装在设计好的机架上面，使机架与泵一体固定；拖式混凝土泵（HBT）——行动方便，泵安装在可以拖动行走的底盘上；车载式混凝土泵（HBC）——泵被安装在机动车辆底盘的混凝土泵。图 3-68 所示为 HBT80 型混凝土泵的构造示意图。

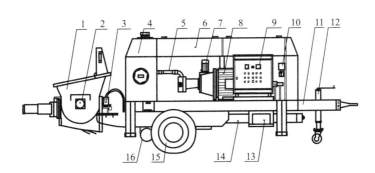

图 3-68　HBT80 型混凝土泵的结构示意图

1—料斗总成，2—马达及搅拌机构，3—摆动机构，4—油箱总成，5—液压系统，6—机棚总成，

7—水冲洗电机，8—动力装置，9—电气系统，10—润滑系统，11—机架总成，12—支承机构，

13—工具箱，14—泵送主油缸，15—行走轮，16—水冷却器

　　液压活塞式混凝土泵常用型号有 HB60、HB80、HB100 等。

　　2）混凝土输送泵车

　　混凝土输送泵车（图 3-69）是将液压活塞式混凝土泵安装在汽车底盘上，并用液压折叠式臂架管道来输送混凝土，从而构成汽车式混凝土输送泵，其构造如图 3-70 所示。在车架的前部设有转台，其上装有可折叠的液压臂架，它在工作时可进行变幅、曲折和回转动作。

　　（2）混凝土泵及输送泵车的技术性能参数

　　某企业生产的"S阀"混凝土拖式泵主要技术参数见表 3-17。

图 3-69　混凝土输送泵车

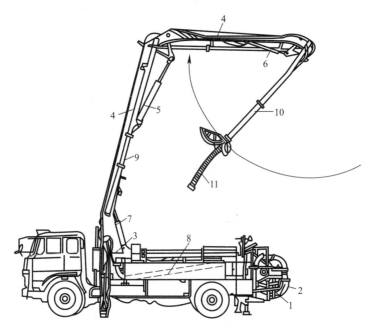

图 3-70　混凝土输送泵车构造示意图

1—混凝土泵；2—输送泵；3—布料杆回转支撑装置；4—布料杆臂架；
5、6、7—控制布料杆摆动的液压缸；8、9、10—输送管；11—橡胶软管

HBT-S 阀系列拖式泵主要技术参数　　　　　　　　　　　　　　　　表 3-17

拖泵型号	理论泵送排量 (m³/h)		出口压力 (MPa)		最大输送距离 (m)		混凝土缸径×行程 (mm)	电机(柴油机)功率(kW)	外形尺寸（mm）	主机质量(kg)
	高压	低压	高压	低压	水平	垂直				
HBT60S1413-90	40	60	13	7.5	1000	240	195×1400	90	6300×2040×2050	6500
HBT60S1816-110	43	71	16	9.5	1200	280	200×1800	110	6500×2040×2050	7100
HBT80S1813-110	51.4	114	13	5.28	1000	240		110		7100
HBT60S1413-112R	37	62.2	13	7.5	1000	240	195×1400	112	6300×2040×2490	7000
HBT60S1816-133R	44	68	16	9.5	1200	280	200×1800	133	6415×2045×2490	7250
HBT60S1816-161R	44	72	16	9.5	1200	280		161		7300
HBT80S1813-161R	71	124	13	5.28	1000	280		161		7300
HBT80S2118-161R	53.4	86	18	10.78	1400	320	200×2100	161	7090×2045×2490	7500

某企业 37m、39m 臂架泵车主要技术参数见表 3-18。

臂架式混凝土输送泵车的型号及主要技术性能参数　　　　表 3-18

	型号 性能参数	HDT5281THB-37/4	HDT5291THB-37/4	HDT5281THB-39/4	HDT5291THB-39/4
工作状态主要技术参数	理论输送量（m³/h）	125	125	125	125
	泵送能力指数（MPa）	586	586	586	586
	理论泵送压力（MPa）	8.5	8.5	8.5	8.5
	料斗容积（L）	700	700	700	700
	上料高度（m）	1.37	1.37	1.37	1.37
	分配阀形式	S管阀	S管阀	S管阀	S管阀
	最大布料半径（m）	32.6	32.6	34.7	34.7
	最大布料高度（m）	36.6	36.6	38.7	38.7
	最大布料深度（m）	25.5	25.5	27	27
	布料杆打开高度（m）	8.45	8.45	8.83	8.83
	前支腿横跨距（mm）	7058	7058	6800	6800
	后支腿横跨距（mm）	6848	6848	7000	7000
	支腿纵跨距（mm）	6790	6790	7432	7432
	输送管管径（mm）	125	125	125	125
	尾胶管长度（m）	4	4	4	4
	布料杆旋转范围（°）	370	365	365	365
	臂架节数	4	4	4	4
	各节臂架旋转角度（°）	92/180/180/270	92/180/180/270	91/180/180/180/270	91/180/180/180/270
	远控距离（m）	33	33	33	33
	遥控距离（m）	200	200	200	200
行驶状态主要技术参数	最高车速（km/h）	85	90	85	90
	最小转弯半径（m）	8.8	8.8	8.8	8.8
	制动距离（m）	7	7	7	7
	接近角（°）	16	16	16	16
	离去角（°）	11	11	11	11
	底盘型号	日本五十铃 CYZ51Q	豪泺 ZZ5307N4647C	日本五十铃 CYZ51Q	豪泺 ZZ5307N4647C
	第一、二轴距（mm）	4595	4600	4595	4600
	第二、三轴距（mm）	1310	1350	1310	1350
	前轮距（mm）	2065	2022	2065	2022
	后轮距（mm）	1850	1830	1850	1830
	发动机最大输出功率（kW）	265（1800r/min）	247（2200r/min）	265（1800r/min）	247（2200r/min）
	发动机最大输出扭矩（n·m）	1422（1100r/min）	1350（1100-1600r/min）	1422（1100r/min）	1350（1100-1600r/min）
	最大爬坡度（%）	37	35	37	35
	燃油消耗量限值（L/100km）	36.6	34	36.6	34
	外形尺寸（长×宽×高）（mm）	12000×2490×3800	12000×2490×3850	12500×2490×3950	12500×2490×3950
	满载总质量（kg）	28000	29000	28000	29500

四、建筑机械维修

（一）建筑机械故障、原因及排除方法

建筑机械的使用环境较为恶劣，又由于材料、工艺、零件老化和人为因素等的影响，建筑机械在使用中不可避免地会出现各种各样的故障。而在施工过程中如果建筑机械发生故障，不但会影响正常的施工进度、造成不必要的经费损失，减少建筑机械的使用寿命，同时还会产生安全隐患，甚至发生人身伤亡及机械事故。正确地分析各种故障原因，采取有效的、针对性强的防范措施，可以有效预防建筑机械的故障及事故，尽量减慢机械零部件的损伤速度，防止故障连锁发生，延长建筑机械使用寿命的，保证安全正常运转。

1. 机械故障机理

建筑机械在工作过程中，因某种原因丧失规定功能或危害安全的现象称为故障。

建筑机械规定功能是指在设备的技术文件中明确规定的功能。失效有时也被称为一种故障，但这些故障却是可修复的。

建筑机械在单位时间内发生故障的次数称为故障频率。以时间为横坐标，以故障率为纵坐标，将建筑机械整个使用期故障率随时间的变化情况描述出来便得到建筑机械的故障率曲线。图 4-1 所表示为故障率曲线，由于其图形形状很像浴盆，所以又称为浴盆曲线。机械的故障率随时间的变化大致分为三个阶段：早期故障期、偶发故障期和损耗故障期。

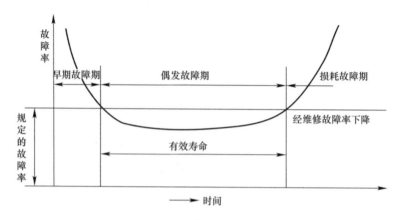

图 4-1　典型故障率曲线—浴盆曲线

（1）早期故障期

早期故障期出现在机械使用的早期，其特点是故障率较高，但故障率随时间的增加而

迅速下降。它一般是由于设计、制造上的缺陷等原因引起的。建筑机械进行大修理或改造后再次使用时，也会出现这种情况。建筑机械使用初期经过运转磨合和调整，原有的缺陷逐步消除，运转趋于正常，从而故障逐渐减少。

（2）偶发故障期

偶发故障期是机械的有效寿命期，在这个阶段故障率低而稳定，近似为常数。偶发故障是由于使用不当、维护不良等偶然因素引起的，故障不能预测，也不能通过延长磨损期来消除。设计缺陷、零部件缺陷、操作维护不良都会造成偶发故障。

（3）损耗故障期

损耗故障期是机械使用的后期，其特点是故障率随运转时间的增加而增高。它是由于机械零部件的磨损、疲劳、老化、腐蚀等造成的。这类故障是建筑机械部件接近寿命末期的预兆。如果事先进行预防性维修，可经济而有效地降低故障率。对建筑机械故障的规律和过程进行分析，可以探索出减少机械故障的相应措施。

由此可见，建筑机械在运行过程中，由于受到外部负荷和内部应力，自然磨损、腐蚀的影响，建筑机械的部分部件或整体，都会引起损伤，使之部分或全部丧失使用功能。为保持建筑机械的使用功能，减少非正常磨损，延缓电气元件的老化过程，减少故障的发生，就必须在建筑机械管理工作中贯彻预防为主的方针，按照建筑机械使用要求和维修保养说明书要求，做好日常维保和修理，保持建筑机械完好状态，延长建筑使用寿命。

2. 建筑机械常见故障

（1）常见故障类型

损坏型故障：如断裂、开裂、点蚀、烧蚀、变形、拉伤、龟裂、压痕等。

退化型故障：如老化、变质、剥落、异常磨损等。

松脱型故障：如松动、脱落等。

失调型故障：如压力过高或过低、行程失调、间隙过大或过小、干涉等。

堵塞与渗漏型故障：如堵塞、漏水、漏气、渗油等。

性能衰退或功能失效型故障模式：如功能失效、性能衰退、过热等。

（2）产生故障的原因及后果

1）从故障产生的原因分析看，主要包括：

① 产品原因，包括设计错误、原材料缺陷、加工制造缺陷等；

② 安装原因，包括安装错误、错装漏装、连接不牢固、未作调试或调试错误等；

③ 使用原因，包括违章操作、违章指挥、超负荷运转、不润滑、不维护等；

④ 修理原因，包括故障判断错误、装配工艺错误、盲目拆解更换、配件质量差、不匹配、不修理等；

⑤ 其他原因，如自然灾害、不可抗力原因等。

2）从故障导致的不良后果分析看，主要包括：

① 会导致建筑机械无法正常运转，甚至因故障停机而不能使用，影响生产正常进行；

② 可能造成事故的发生，如果不及时修理，小故障会演变成大故障，故障就会演变成事故，造成人员伤亡和设备损坏；

③ 建筑机械长期带病运转，会使设备加快磨损，使零部件或整机损坏；增加使用成本，维修费用加大，设备寿命减少或提前报废。

（3）故障排除

1）保证建筑机械的合理润滑

建筑机械的故障 50% 以上是由润滑不良引起的。由于建筑机械各零部件配合的精密性，良好的润滑可以保持其正常的工作间隙和适宜的工作温度，防止灰尘等杂质进入建筑机械内部，从而降低零件的磨损速度，减少机械故障。正确合理的润滑是减少机械故障的有效措施之一。为此，一是要合理使用润滑剂，根据建筑机械结构的不同，选用不同的润滑剂类别，按照环境和季节的不同，选择合适的润滑剂牌号。不可任意替代，更不可使用伪劣产品；二是要经常检查润滑剂的数量和质量，数量不足要补充，质量不佳要及时更换。

2）细心合理地操作建筑机械

作为建筑机械操作人员，启动建筑机械前均应检查冷却液及机油是否够，不足要及时补充后再启动机械。建筑机械启动后要进入低速预热阶段，待冷却液及机油达到规定温度后，再开始工作，严禁低温下进行超负荷运转。操作人员在机械运行中，要经常检查各种温度表的数值，发现问题及时解决后再工作。在操作建筑机械施工时，要注意不能在超过建筑机械所能承受的最大负荷下工作，要均匀加减油门，保证建筑机械处于较为平稳的负荷变动，防止发动机、工作装置的大起大落，降低建筑机械的磨损，减少故障的产生。

3）现场故障排除

施工现场设备管理的重要目标，就是要保持现场建筑机械经常处于良好的状态，提高利用率，延长使用寿命，保证施工生产安全。所以当建筑机械设备出现故障时，应及时检查修理，问题严重的应立即停止作业，查明故障的部位，判断其产生原因，采取相应的措施，并及时进行修复。每种建筑机械有自己的操作规程和维修使用方法，一般厂家产品说明书中都有常见故障和维修方法的具体说明，在此不能一一列出，这里列出塔式起重机常见故障及排除方法，仅供参考（表 4-1、表 4-2）。

塔式起重机常见故障及其排除方法　　　　　　　　　　　　表 4-1

部　位	常见故障	形成原因	排除方法
钢丝绳	磨损过快	1. 滑轮不转动； 2. 绳槽与钢丝绳直径不匹配	1. 检修或更换滑轮； 2. 更换钢丝绳或滑轮
	经常脱槽	1. 滑轮偏斜或移位； 2. 防脱挡罩不起作用； 3. 钢丝绳型号不对	1. 调整滑轮安装位置； 2. 检修防脱挡罩使之发挥作用； 3. 更换合格的钢丝绳
滑轮	滑轮不转 滑轮松动	1. 缺少润滑油； 2. 轴承安装过紧或偏斜	1. 添加润滑油； 2. 调整轴承安装位置
吊钩	疲劳裂纹	材质不均匀	
	严重磨损	超过使用期限，材质不好，经常超载	更换吊钩
卷筒	筒壁裂纹 筒壁磨损	1. 超过使用寿命； 2. 应力集中，材质有缺陷； 3. 冲击荷载过大	更换新卷筒

续表

部　位	常见故障	形成原因	排除方法
减速器	噪声	齿轮啮合不良	
	温升过高	润滑油过少或过多	
	漏油，振动大	1. 油封失效； 2. 轴颈磨损； 3. 分箱面不平； 4. 安装质量差、地脚螺栓松动	1. 更换油封； 2. 修磨轴颈； 3. 研磨分箱面； 4. 重新安装调整同心度
制动器	重物下滑	1. 制动轮与制动瓦间隙过大或制动盘与摩擦片间隙过大； 2. 制动轮表面油污； 3. 弹簧压力不足或推杆行程不足	1. 调整间隙； 2. 清洗制动瓦； 3. 调整弹簧张力，调整推杆行程
	发热冒烟	1. 制动轮与制动瓦没有完全脱开； 2. 制动盘与摩擦片（刹车片）没有脱开	调整间隙
回转支撑	噪声大	大齿圈与小齿轮啮合不良，转动困难	调整齿轮啮合
	转动困难	滚道表面严重磨损滚动体不转	检查并修复滚道表面，更换滚动体隔离环
滚动轴承	温升高、噪声大	1. 润滑油过多； 2. 安装过紧； 3. 轴承损坏； 4. 内外圈配合与轴向间隙安装不合要求	1. 减少润滑油； 2. 调整松紧程度； 3. 换新轴承； 4. 重新装配务必符合规定要求
安全装置	安全装置不灵敏或失效	1. 零部件损坏； 2. 行程开关损坏； 3. 线路故障	1. 更换； 2. 更换行程开关； 3. 检修线路使之恢复正常

塔式起重机常见电气故障及其排除方法　　　　表 4-2

故　障	原　因	排除方法
电动机不转	1. 熔丝烧断； 2. 过电流继电器动作； 3. 定子回路中断； 4. 电动机缺相运行	1. 制动轮与制动瓦没有完全脱开； 2. 调整过电流继电器整定值； 3. 检查定子回路； 4. 接好三相电源
电动机声音异常	1. 电动机缺相运行； 2. 定子绕组有故障； 3. 轴承缺油或磨损	1. 正确接线； 2. 检查定子绕组； 3. 加油或更换轴承
电动机温升过高	1. 电动机缺相运行； 2. 某相绕组与外壳短接； 3. 超负荷运行； 4. 电源电压过低； 5. 通风不良	1. 接好三相电源； 2. 用万能表检查并排除之； 3. 禁止超载运行； 4. 停止工作； 5. 改造通风条件
电动机达不到全速	1. 转子绕组有断丝或焊接不良处； 2. 转子回路中有接触不良或断丝处	1. 检查绕组； 2. 检查导线，控制器及电阻器

续表

故　障	原　因	排除方法
不能带载启动	1. 线路电压过低； 2. 制动器没有完全松开； 3. 转子电阻没完全切除； 4. 转子或定子回路接触不良	1. 停止工作； 2. 调整制动器； 3. 检查各部接触情况； 4. 检查转子或定子回路
滑环产生电火花	1. 电动机超负荷运行； 2. 电刷弹簧压力不足； 3. 滑环偏斜； 4. 滑环及电刷有污垢	1. 停止超负荷运行； 2. 加大弹簧压力； 3. 校正滑环； 4. 清除脏物
滑环磨损过快	1. 弹簧压得过紧； 2. 滑环表面不光整	1. 放松弹簧； 2. 研磨滑环
控制手柄档位不准	定位机构有缺陷	检修定位机构
接触器接通后电动机不转或方向不对	1. 触头没接通； 2. 触头接触不良； 3. 接线错误	1. 检修接触器； 2. 更换研磨触头； 3. 检修
接触器接通后，过电流继电器动作	1. 触头与外壳短接； 2. 导线绝缘不良	1. 检修接触器； 2. 清除脏物、检修； 3. 修复或更换导线
接触器有噪声	1. 衔铁表面过脏； 2. 短路环损坏； 3. 磁铁系统歪斜	1. 清除脏物； 2. 修复短路环； 3. 校正
接触器断电后分不开	1. 接触器不垂直； 2. 卡住	1. 垂直安装； 2. 检查接触器
接触器经常断电	1. 辅助触头压力不足； 2. 接触不良	1. 调整压力； 2. 修磨触头
涡流制动器低速档的速度变快	1. 硅整流器击穿； 2. 接触器或主控制器触头损坏； 3. 涡流制动器线圈烧坏	1. 更换整流器； 2. 修复或更换触头； 3. 更换涡流制动器
涡流制动器速度过低	定转子间积尘太多或有铁末	清除积尘
电磁铁过热，或有噪声	1. 衔铁表面太脏； 2. 电磁铁缺相运行； 3. 衔铁间隙过大	1. 清扫积尘涂抹薄润滑油； 2. 接好三相电源； 3. 调整衔铁间隙
主接触器不吸合	1. 电压过低或无电压； 2. 控制电路熔丝烧断； 3. 安全开关没接通； 4. 过电流继电器动断触头断开； 5. 控制器手轮不在零位； 6. 接触器线圈烧破或断线	逐项检查加以解决

3. 建筑机械应急维修方法

建筑机械发生故障是很难避免的，一旦发生故障就需要迅速排除，特别是建筑机械使用多在建筑施工现场，有的工地在荒郊野外，不可能运回修理，如何在施工现场及时处理机械故障，保证设备快速恢复使用，以保证施工生产的连续进行，为此就需要现场维修人员，储存必要的备品备件，配备所需的维修设备、工具，组织人力物力开展维修作业。下面简单地介绍几种故障应急维修方法。

（1）建筑机械故障零件修理法

零件的修复在很大程度上是恢复零件原来的配合性质，有的修复工艺往往比新制零件更为复杂，因此只在经济上合算、技术可行时才进行修复。具体的修复工艺和修理方法比较多，可根据零件的结构特点、磨损程度、工作条件、材料性质等作出选择。一般来说，磨损可以用焊接、喷涂、电镀、机械加工、压力加工等修复；变形可用机械加工、压力加工等修复；断裂可用焊修、胶接、机械加工等修复；蚀损可用电镀、喷涂、机械加工等修复。下面对几种常见的零件修复方法进行简单介绍：

1）一般机械加工法

机械加工是零件修复过程中最主要和最基本方法。由于机械加工修理零件与机械制造不同，它的加工对象是成品旧件，除工作表面磨损之外，往往有变形，原来的加工基准已经破坏，加工余量小，因此，用机械加工法修理零件必须考虑加工表面的形状精度要求，以及加工表面与其他不修理加工表面之间的相互位置精度要求。用机械加工法修理零件时，根据零件损坏部位和工作性质的不同，可采用不同的工艺方法。如：修理尺寸法、附加零件法、局部更换法、转向翻转法等。

2）焊接方法

焊接技术用于修理工作称为焊修。尽管采用焊接技术产生了局部变形、裂纹、气孔等严重缺点，但由于具有修理质量较高、成本低、操作容易、便于野外抢修等优点，焊接仍然是机械零件修理的主要方法。

3）压力加工

利用压力加工修复零件，是指利用金属或合金钢的塑性变形性能，使零件在一定外力作用下改变其集合形状而不损坏的一种方法。如镦粗法、挤压法、扩张法。

4）胶接

胶接就是通过胶粘剂将两个以上同质或不同质的物体连接在一起。胶接工艺比较简单，但在实施过程中却是相当重要的，胶接的工艺一般包括：表面处理—配胶—涂胶—凉置—合拢—固化—检查。

（2）建筑机械故障零件换用、替代修理法

1）换件修理法

对于无法修复使用的零部件，应使用同型号或同类型的配件及时更换。用完好备用零部件更换已经损坏的零部件，此法不论平时大修或是现场快速修理时均可采用。须注意的是，换件前，对总成部件的拆装工艺和配合要求必须清楚。拆卸轴承、齿轮、胶带轮和液压件等零件时，要用专用工具，不能用锤击以免造成零件损坏。分解变矩器、变速器、发动机总成件时，须严格按照拆卸工艺要求办，避免轴颈划伤和精密偶件配合面损坏。替换结构部件后的新组合建筑机械应重新进行测试并将替换的部件清单详细记录。特殊部件的替换应严格按照制造商使用说明书中的要求进行，如塔式起重机、施工升降机等特种设备。

2）替代修理法

可以充分利用身边材料，替代已经损坏的零部件材料。原则是等强度代换或者用高强度材料代替低强度材料。如在起重机械上用高强度螺栓代替低强度螺栓。

3）建筑机械故障零件弃置法

放弃已经产生故障的零部件，设法将管部或电路连接起来，快速恢复建筑机械设备生产作业的方法。

（二）　建筑机械维修

随着建筑机械化水平的不断提高，建筑机械已成为影响工程进度、质量和成本的关键因素。保证施工现场建筑机械经常处于良好状态、提高利用率、延长使用寿命，已是施工企业提高经济效益和增强竞争能力的重要环节。施工建设所需的各种建筑机械也是工程得以正常、顺利进行的重要保障。建筑机械维修工作是延长机械使用寿命的重要环节，采用合理的维修方法可以有效地延长工程机械的使用寿命。维修贯穿于建筑机械的整个寿命周期，即由规划、设计、试制、生产、销售、安装、使用、改造直至报废的全过程。

维修包含维护和修理两个层面。建筑机械按维护（又称保养或维护保养）作业组合的深度和广度可分为日常维护、一级维护、二级维护、三级维护等。修理方式大致可分为事后修理、预防修理和以可靠性为中心的修理。

1. 建筑机械维护

建筑机械在使用过程时，由于磨损、腐蚀、外力破坏，工作环境改变或应用情况改变引起建筑机械不能满足某种程度的使用性能。根据常见的建筑机械重大故障因素调查、分析显示，建筑机械的重大故障是因为缺少维护保养造成的。为避免出现类似情况要通过对建筑机械的维护、保养以使建筑机械满足一定的使用要求。

（1）建筑机械施工作业特点

1）建筑机械工作的润滑条件差。施工的气候条件和地理条件使得工程机械的润滑不可靠。气温过高使润滑油黏度下降，油压下降，润滑不可靠。气温过低，润滑油黏度增加，油液不易到达润滑部位，润滑效果同样差；工地空气中的粉尘量大，使油液杂质增加，气温过高又会加速油液的氧化，这些都使得润滑油的品质变差。机械表面经常布满的灰尘和泥土，增加了润滑工作的困难。

2）工作装置磨损严重。建筑机械的作业对象大多数为泥土、沙石或其他一些工程建筑材料，施工工地尘土飞扬或泥浆遍地，这些都会使得建筑机械工作装置和行走机构磨损加剧。

3）施工带有突击性。突击作业使得机械的日工作小时、施工期的利用率大大提高、机械设备得不到及时保养，大负荷工作时间长。

4）施工受季节影响大。

5）气候条件差。野外施工的气候条件极其恶劣，气温过高或过低都会使得建筑机械工作不稳定。气温过高会使得发动机和液压、液力传动系统过热，效率下降，由于润滑不良而使磨损加剧；气温过低又会使得液压油和润滑油黏度过大，使发动机启动困难，机械由于摩擦造成的功率损失增大。

6）地理条件恶劣。

（2）建筑机械维护的必要性

1）保证建筑机械处于良好的技术状态，减少故障停机，提高建筑机械的完好率和利用率，保证工程进度。

2）减缓机械磨损，增加修理间隔期，延长机械使用寿命。

3）避免出现机械事故，保证安全生产。

4）降低建筑机械运行和维修成本，提高机械的动力性和经济性，使建筑机械的动力、燃润油料、零件及各种消耗材料降到最低限度。

由此可见需要对建筑机械进行有计划的维护保养，而有些施工企业为赶进度，忽视对建筑施工的一、二、三级维护，采取"头痛医头，脚痛医脚"的临时凑合办法，这样造成建筑机械带故障运行，使其状况不断恶化，直至"死机"，给企业自身造成较大的经济损失。

（3）建筑机械维护的几个基本方式

建筑机械按维护作业组合的深度和广度可分为日常维护、一级维护、二级维护、三级维护等。建筑机械各级维护由于建筑机械结构不同、使用条件不同，其性质和具体工作内容有所变化。

1）日常维护

日常维护："十字作业"，即清洁、润滑、紧固、调整、防腐。重点是润滑系统、冷却系统及操作、转向、制动、行走等部位等。日常维护的实质是为了维护建筑机械处于完整和完好的技术状况，保持建筑机械完全有效运行。日常维护由操作者执行，其主要内容包括建筑机械每日运行前和运行中的检视与消除运行故障，以及运行后对建筑机械外表养护，添加燃料和润滑油料，检查与消除所发现的故障。

2）一级维护

一级维护作业的中心是紧固、润滑作业。据有关部门统计，建筑机械零件的失效有70%以上是由于磨损引起的。因为建筑机械零部件的磨损呈周期性变化，如不及时保养，故障将迅速扩大，甚至危及运行安全和影响生产任务的完成，强化一级维护作业，使故障排除在萌芽状态。

3）二级维护

二级维护的实质是通过对建筑机械总成进行深入的检查和调整，以保证运转一定时间后仍能保持正常的使用性能。

4）三级维护

三级维护作业以解体总成，检查、调整和消除隐患为中心。

在二、三级维护作业中，施工单位往往存在检修不能按维护项目执行，虽然编制了维护计划，但很少按规定实施，或检修内容过于简单，修理时只更换或修复少量易损件，或只对一些部件进行调整、清洗及检查，工作量仅相当于事故性修理，检修内容和一级维护、小修差不多，使二、三级维护制度流于形式。因此，在二、三级维护中，施工单位应由设备部和项目部技术员拟定检修项目和检修技术要求，并按此项目和要求认真核查检修过程和检修质量，使其达到保修中的预检效果。对每一个检修项目达标都要有检修人员签字，以便保修后出现故障时追查该项目检修人员的责任。

5）减少环境气候给建筑机械造成的无形磨损

由于建筑机械大部分是露天作业，作业地点经常变动，所以其性能受到作业场地的温度、环境、气候等因素的影响很大。不少施工单位由于忽视了环境因素对使用机械的影响（环境温度过低，钢结构性能下降、无法启动、液压系统无法工作等故障），未采取相应的保护性或适应性措施，致使建筑机械使用性能降低，使用寿命缩短，甚至酿成事故。

6）其他保养

换季保养：主要内容是更换适用季节的润滑油、燃油，采取防冻措施，增加防冻设施等。由使用部门根据建筑机械使用地点的季节情况组织安排，并安排专人对其进行检查、监督。

走合期保养：新机及大修竣工建筑机械走合期结束后必须进行走合期保养，主要内容是清洗、紧固、调整及更换润滑油。

转移保养：建筑机械转移工地前，应进行转移保养，作业内容可根据建筑机械的技术状况进行保养，必要时可进行防腐处理。

停放保养：停用及封存的建筑机械应进行定期保养，主要是清洁、防腐、防潮等。对于一些建筑机械必须按照一定的时间段进行试运行，以检查封存的建筑机械是否能保持原有性能。对于检查发现性能下降或者无法正常运行的建筑机械，必须对其进行检查并做适当的调整或者检修。最终保证停用及封存的建筑机械达到可以随时使用的状态。

2. 建筑机械修理

修理方式的发展趋势是事后修理逐步走向定期的预防性修理，再从定期的预防性修理，逐步走向以可靠性为中心的修理，三种主要修理方式的特征见表 4-3。

三种主要修理方式的特征　　　　　　　　　　　　　表 4-3

序　号	特　征	事后修理	预防性修理	以可靠性为中心的修理
1	修理性质	非预防性	预防性	预防性
2	修理对象	一个或几个项目	一个项目	一个项目
3	修理判据	事后不断监控项目的状态变化，按结果采取相应措施	定期进行全面分解，检修或更换，可能对不该修理的也进行了修理	事先不断监控项目的状态，按状态进行更换或修理
4	基本条件	数据或经验	数据或经验	视情设计、资料、控制手段、检查参数、参数标准
5	检查方法	分解	分解	不分解
6	适用范围	对安全无直接危害的偶然故障，规律不清楚的故障，故障损失小于预防性修理费用的耗损故障	影响严重、对安全有危害且发展迅速、无条件视情的耗损故障	影响严重、对安全有危害且发展缓慢并有条件视情的耗损故障
7	修理费用	有充分准备的修理资源，需要一定费用	接近事后修理费用，备件量过多	需要高的投资和经常性费用

（1）事后修理

事后修理属于非计划性修理，它以建筑机械出现功能性故障为基础，有了故障才去修理，往往处于被动地位，准备工作不可能充分，难以取得完善的修理效果。

事后修理又称故障修理、损坏修理。它不控制修理时期，而是当建筑机械发生故障或损坏、造成停机之后才进行修理，以修复原来的功能为目的。它必须充分准备人力、工具、备件等修理资源，以便有效地对付故障。事后修理丧失了许多工作时间，生产计划也被打乱，修理内容、时间长短及安排等问题都带有很大的随机性。从各方面考虑，它是一种落后的修理方式、最低要求的对策。若不能采用其他对策时，可把它当作最后的手段来使用。

事后修理一般适用于：

1）机件发生故障，但不影响总成和系统的安全性；

2）故障属于偶然性且规律不清楚，或虽属耗损型故障，但用事后修理方式更为经济。图4-2是建筑机械事后修理的机械性能与时间的关系。

图4-2的曲线可以清楚地反映出事后修理带来的修理时间浪费。

（2）预防性修理

这是一种以定期全面检修为主的修理。它以机件的磨损规律为基础，以磨损曲线中的第三阶段起点作为修理的时间界限，其实质是根据量变到质变的发展规律，把故障消灭在萌芽

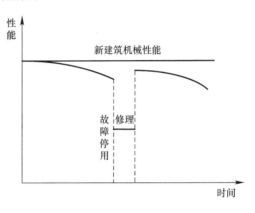

图4-2　事后修理

状态，防患于未然。通过对故障的预防，把修理工作做在故障发生之前，使机械设备经常处于良好的技术状态。定期修理成为预防性修理的基本方式；拆卸分解成为预防性修理的主要方法。

几十年来，我国对建筑机械修理的各种技术规定和制度，都是在这种修理方式指导下建立和发展起来的。虽然它起到过一定的积极作用，但是，多年来的实践证明这种修理方式有局限性。预防性修理方式对很多故障的认识无能为力，使修理工作存在着很大的盲目性，日益显得保守。随着科学技术的不断发展和深化，需要寻求更合理、更科学、更经济、更符合客观实际的新的修理方式。

为了防止建筑机械性能、精度劣化或为了降低故障率，按事先规定的修理计划和技术要求进行的修理活动，称为预防性修理。预防性修理主要有以下几种方式：

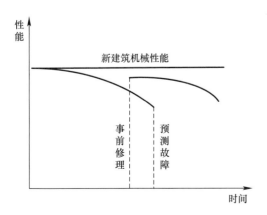

图4-3　预防修理

1）计划预防修理。它是根据建筑机械的磨损规律，按预定修理周期对设备进行维护、检查和修理，以保证建筑机械经常处于良好的技术状态的一种修理（图4-3）。计划预防修理

主要特征如下：

① 按规定要求，对设备进行日常清扫、检查、润滑、紧固和调整等，以延缓施工的磨损，保证设备正常运行。

② 按规定的日程表对建筑机械的运动状态、功能和磨损程度等进行定期检查和调整以便及时消除设备隐患，掌握建筑机械技术状态的变化情况，为定期修理做好物质准备。

③ 有计划有准备地对建筑机械进行预防性修理。

2）保养修理

它是把维护保养和计划检修结合起来的一种修理。其主要特点是：

① 根据建筑机械的特点和状况，按照建筑机械运转小时（产量或里程）等规定不同的维修保养类别和间隔期。

② 在保养的基础上制定设备不同的修理类别和修理周期。

③ 当建筑机械运转到规定时限时，不论其技术状态如何，也不考虑生产任务的轻重，都要严格地按要求进行检查、保养和计划修理。

（3）以可靠性为中心的修理

以可靠性为中心的修理，简称 RCM，是建立在"以预防为主"的实践基础上，但又改变了传统的修理观念。"以可靠性为中心"的修理的形成是以视情维修方式的扩大使用、以逻辑分析决断方法的诞生为标志，以最低的费用实现机械设备固有可靠性水平。它不是根据故障特征而是由建筑机械在线监测和诊断装置预报的实际情况来确定维修时机和内容。在线监测包括状态检查、状态校核、趋向监测等项目。它们都是在线进行，并定期按计划实施，需要投资和经常性费用，是一种最有效的维修方式。

1）以可靠性为中心的修理产生原因

① 很多故障不可能通过缩短修理周期或扩大修理范围解决。相反，会因频繁的拆装而出现更多的故障，增加修理工作量和费用。不合理的修理，甚至修理"一刀切"，反而会使可靠性下降。并不是修理工作做得愈多愈好，应当不做那些不必要的无效修理工作。

② 可靠性取决于两个因素：一是设计制造水平；二是使用修理水平以及工作环境。前者是内在的、固有的因素，起决定性的作用，称固有可靠性；后者通过前一因素起作用，称使用可靠性。有效地进行修理只能保持和恢复固有可靠性，而不可能通过修理把固有可靠性差的转变为好的。

③ 复杂的建筑机械只有少数机件有损耗故障期，一般机件只有早期故障和偶然故障期。可靠性与时间无关。

④ 定期修理方式采取分解检查，它不能在建筑机械运行中鉴定其内部零件可靠性下降的程度，不能客观地确定何时会出现故障。

⑤ 复杂建筑机械的故障多数是随机性的，因而是不可避免的。预防修理对随机故障是无效的，只有损耗故障才是有效的。

2）以可靠性为中心的修理适用情况

① 属于损耗故障的机件，且有如磨损那样缓慢发展的特点，能估计出量变到质变的时间；

② 难以依靠人的感官和经验去发现故障，又不允许对建筑机械任意解体检查；

③ 对那些机件故障直接危及安全，且有极限参数可监测；

④ 除本身有测试装置外，必须有适当的监控或诊断手段，能评价机件的技术状态，指出是否正常，以便决定是否立刻维修。

3）以可靠性为中心的修理分析过程的7个基本问题

① 功能：在具体使用条件下，建筑机械的功能标准是什么？

② 故障模式：什么情况下建筑机械无法实现其功能？

③ 故障原因：引起建筑机械各功能故障的原因是什么？

④ 故障影响：建筑机械各故障发生时，会出现什么情况？

⑤ 故障后果：建筑机械各故障在什么情况下至关重要？

⑥ 主动故障预防：做什么工作才能预防建筑机械各故障？

⑦ 非主动故障预防：找不到适当的主动故障预防措施应怎么办？

4）以可靠性为中心的修理的分析过程

通过上面提出的7个基本问题，其分析过程如下：

① 以可靠性为中心的修理分析所需的信息

进行以可靠性为中心的修理分析，根据分析进程要求，应尽可能收集下述有关信息，以确保分析工作能顺利进行。

A. 建筑机械概况。如建筑机械的构成、功能（包含隐蔽功能）和余度等；

B. 建筑机械的故障信息。如建筑机械的故障模式、故障原因和影响、故障率、故障判据、潜在故障发展到功能故障的时间、功能故障和潜在故障的检测方法等；

C. 建筑机械的修理保障信息。如维修设备、工具、备件、人力等；

D. 费用信息。如预计的研制费用、修理费用等；

E. 相似建筑机械的上述信息。

② 以可靠性为中心的修理分析的一般步骤

A. 确定重要功能产品；

B. 进行故障模式影响分析；

C. 应用逻辑决断图选择预防性维修工作类型；

D. 系统综合，形成计划。

③ 故障模式及影响分析

以可靠性为中心的修理分析的第二步就是对选定的重要功能产品进行故障模式及影响分析，明确产品的功能、故障模式、故障原因和故障影响，从而为基于故障原因的以可靠性为中心的修理决断分析提供基本信息。

④ 以可靠性为中心的修理逻辑决断

各类预防性修理工作间隔期的确定可以参考以下数据与方法：

A. 产品生产厂家提供的数据；

B. 类似产品的相似数据；

C. 已有的现场故障统计数据；

D. 有经验的分析人员的主观判断；

E. 对重要、关键产品的修理工作间隔期的确定要有模型支持和定量分析。

⑤ 系统综合，形成计划

单项工作的间隔期若是最优，并不能保证总体的工作效果最优。有时为了提高修理工作的效率，需要把维修时间间隔各不相同的修理工作组合在一起，这样也许会使某些工作的频度比其判断的结果要高一些，但是提高工作效率所节约的费用会超过所增加的费用。组合工作时应以预定的间隔期为基准，尽量采用预定的间隔期。确定预定的间隔期时应结合现有的修理制度，尽可能地与现有的修理制度一致。把各项预防性修理工作按间隔时间靠入相邻的预定间隔期，但对安全后果和任务后果的预防性修理工作靠入的预定间隔期，不应大于其分析得到的工作间隔期。

以可靠性为中心的修理思想的优点是可以充分发挥机件的潜力，提高机件预防维修的有效性，减少维修工作量及人为差错。而缺点则是费用高，要求有一定的诊断条件，根据实际需要和可能来决定是否采用以可靠性为中心的修理。

（4）修理的主要类别

在修理过程中，按修理内容及范围的深度和广度，修理区分为大修、项修、小修、改造和计划外修理等几种不同层次或类别，由维修工作量大小和内容决定。

1）大修

全面或基本恢复机械设备的功能，一般由专业修理人员或在修理中心进行。大修时，将对建筑机械进行全部或大部解体，重点修复基础件，更换和修理丧失或即将丧失功能的零部件，调整后的精度基本上达到原出厂水平，并对外观重新整修。

2）项修

项修是一种介于大修和小修之间的层次，为平衡性修理。

3）小修

小修以更换或修复在维修间隔期内磨损严重或即将失效的零部件为目的，不涉及对基础件的维修，是排除故障的维修。

大修、项修、小修这三种层次客观上反映了建筑机械磨损的时间进程，因而最适合以时间为基准的预防性修理的实施为大多数单位采用，但还需要其他修理层次作补充，才能解决预测不到的维修需要。建筑机械的大修、项修和小修工作内容比较见表4-4。

建筑机械的大修、项修和小修工作内容比较　　　　　　　表4-4

修理类别/标准要求	大修	项修	小修
拆卸分解程度	全部拆卸分解	针对检查部位部分拆卸分解	拆卸、检查部分磨损严重的机件和污秽部位
修复范围和程度	修理基准件，更换或修复主要件、大型件及所有不合格的零件	根据修理项目，对修理部位进行修复，更换不合用的零件	清除污秽积垢，调整零件间隙及相对位置，更换或修复不能使用的零件，修复达不到完好程度的部位
刮复程度	加工和刮研全部滑动接合面	根据修理项目决定修刮部位	必要时局部修刮、填补划痕
精度要求	按大修理精度及通用技术标准检查验收	按规定要求验收	按设备完好标准要求验收

修理类别/标准要求	大修	项修	小修
表面修饰要求	全部外表面打光、喷漆，手柄等零件重新电镀	补漆或不进行	不进行
工作量比较	100%	根据修理项目确定	约占大修工作量30%

4）改造

对落后建筑机械反复修理，而不进行必要的技术改造，不仅修理费用增加，而且难于恢复原始性能和精度，更无法补偿相应产生的多种损失，这会阻碍技术进步，适应不了生产发展的需要。改造是用新技术、新材料、新结构和新工艺，在原建筑机械的基础上进行局部改造，以提高其功能、精度、生产率和可靠性为目的。这种维修属于改善性，其工作量的大小取决于原建筑机械的结构对实行改造的适应程度，也决定于人们需要将原建筑机械的功能提高到什么水平。

（5）计划外修理

因突发性故障和事故而必须对建筑机械进行的一种维修层次。计划外维修的次数和工作量越少，表明管理水平越高。

（6）修理的组织方法

为了提高建筑机械修理的工作效率，加快修理速度，其组织方法有：部件修理法、分部修理法、同步修理法和定期精度调整。

1）部件修理法

部件修理法是把要修理的部件拆卸下来，把事先准备好的同类部件装上去，再将换下的部件修复作为下次用的备件。这种方法的优点是修理速度快，能大大减少修理停歇时间。缺点是需要储备一部分部件进行周转，要占用一些流动资金。

2）分部修理法

分部修理法是将建筑机械的各个部件作为独立的部分，而后有计划、按顺序地把建筑机械的各个部分分几次拆卸进行修理。这种方法比较灵活，修理工作量分散，可以利用节假日或非生产时间进行修理，能增加建筑机械的生产时间，提高建筑机械利用率。这种方法适用于结构上具有独立部件的设备或修理时间较长的设备。

3）同步修理法

同步修理法包括两方面的内容，一是对建筑机械部件中的不同零件，在设计时就让它们的使用寿命相同，将来同时损坏、同时换掉。二是将生产过程中工艺上紧密联系的若干台设备安排在同一时间进行修理，实现修理同步化。同步修理法与分部修理法相比可以减少停机时间。

4）定期精度调整

定期精度调整是指对精、大、稀建筑机械的几何精度定期进行调整，使其达到（或接近）规定标准。精度调整的周期一般为1～2年，调整时间最好安排在气温变化较小的季节。实行定期精度调整有利于保持设备精度的稳定性，以保证建筑机械质量。

5）零件换位修理法

建筑机械上的许多零件，如推土机，挖掘机的履带销，柴油机缸套等，在运行过程中往往承受单向负荷，从而造成不均衡的磨损，如果适时的交换零件位置，使他们的磨损均衡，则可延长其使用寿命，降低维修成本。

6）刷镀与胶粘修复

在施工现场运用刷镀与胶粘修复工艺，可以快速低成本地修复失效零件。

7）合理引进修复工艺

随着修理技术进步，可延长机械零件使用寿命的先进修复工艺大量的出现，如耐磨堆焊、喷涂金刚石—镍镀层、磁性电镀、激光电镀等，施工单位因条件所限，不能一一使用，但可与地方大型生产企业合作，合理利用先进修复工艺，以延长建筑机械使用寿命。

8）要获得良好的维修效果，在维修管理工作中要注意以下方面：

① 正确选用设备。

② 做好预防维修工作。

③ 配备合格的维修人员。

④ 保证充足的备件供应。

有效的维修管理制度，将责、权、利有机结合，充分发挥人的作用。只有统筹全面，考虑到各环节，并充分利用企业现有条件，才能最大限度地提高设备维修质量，延长设备维修周期和使用寿命，更好地发挥建筑机械的经济性能。

（7）状态监测维修

这是一种以建筑机械技术状态为基础，按实际需要进行修理的预防维修方式。它是在状态监测和技术诊断基础上，掌握设备劣化发展情况，在高度预知的情况下，适时安排预防性修理，又称预知维修。建筑机械状态监测与故障诊断技术是一门了解和掌握其运行过程中的状态，进而确定其整体或局部是否正常，以便早期发现故障、查明原因，并掌握故障发展趋势的技术，其目的是避免故障的发生，最大限度地提高建筑机械的使用效率。其中状态监测是指对建筑机械的某些特征参数（如振动、噪声和温度等）进行测取，将测定值与正常值进行比较，从而判断建筑机械工作是否正常。故障诊断对建筑机械发生故障的原因、部位及程度等作出判断，从而确定维修方案，即实现状态监测维修。因受到诊断技术发展的限制，它主要适用于重点建筑机械，利用率高的精、大、稀类建筑机械等，即花费高昂的诊断与监测费用，以确保建筑机械安全，使建筑机械故障后果影响最小。

1）故障诊断设备仪器

用于建筑机械状态监测与故障诊断的信号有振动诊断、油样分析、温度监测和无损检测探伤，由故障诊断设备仪器进行诊断和监测并提供的大量信息，通过统计分析，正确判断设备的劣化程度、发生（或将要发生）故障的部位、技术状态的发展趋势，掌握维修活动的主动权。主要仪器包括：

便携式测振仪、轴承及齿轮箱故障测试与分析仪、数据采集器等振动监测仪器；

红外线测温仪、热成像仪、表面温度计等测温仪器；

电机故障检测仪、电路在线维修测试仪、电缆故障测试仪、变压器在线监测仪等电气监测仪器；

现场油液检测仪、铁谱分析仪、光谱分析仪等油液监测仪器；

噪声监测仪、地下管线泄露探测仪、转速表、测厚仪、现场动平衡仪、激光对中仪、激光干涉仪、球杆仪、几何测量仪、电子测量仪等通用监测仪器；

超声波探伤仪、射线探伤仪、电磁（涡流）检测仪、渗透检验仪、磁粉探伤仪等无损检测仪器；

2）基于互联网的在线、离线监测与诊断系统

此类检测与诊断系统是随着计算机技术、嵌入式技术以及新兴的虚拟仪器技术的发展而来的。故障诊断装置和仪器已经由最初的模拟式监测仪表，发展到现在的基于计算机的便携式监测分析系统和基于计算机的实时在线监测与故障诊断系统。这类系统具有强大的信号分析与数据管理功能，能全面记录反映机器运行状态变化的各种信息，实现故障的精确诊断。

系统主要包括：专家诊断系统、智能与远程网络监测诊断技术、基于虚拟仪器的监测诊断技术与软件等。随着网络技术的发展，远程分布式监测诊断系统成为目前的一个研究开发热点。

五、建筑机械安全管理

当前建筑结构呈多样化，一些现代化高、大、深工程不断增多，同时工期紧，速度快，需要强大的建筑机械化来保证，大量的建筑机械在工程施工中发挥了不可替代的作用，建筑机械不断向高、精、尖、大的方向发展。但是伴随着建筑机械的高速发展，建筑机械安全事故也在不断发生，特别是建筑起重机械安全事故所带来的群死群伤事故，影响极大，给社会带来了不稳定因素，因此建筑机械的安全使用和监督管理成为设备管理的重要工作。

（一）建筑机械事故

建筑机械的安全管理是设备管理的重要工作之一，也是施工企业安全管理工作的重要组成部分，施工企业作为安全管理主体，应加强建筑机械的安全管理工作，采取各种技术措施和管理组织措施，消除建筑机械各种危险有害因素，充分发挥建筑机械效能，实现安全高效生产。

1. 建筑机械事故原因

很多施工企业忽视对建筑机械的管理，常常"以租代管，只租不管"，没有专门的管理机构及专业人员，以安全管理代替设备管理，多以检查代替建筑机械的管理和基础工作，治表不治里，施工现场建筑机械管理缺失。另外，许多施工企业使用的建筑机械是由租赁解决，现在很多租赁企业管理参差不齐，很多租赁企业缺乏专业技术人员，人员素质低，管理不到位，建筑机械维修不及时，经常带病运转；建筑机械的操作及维修人员绝大多数是农民工，文化水平低，缺乏经验，人员不稳定，保养水平差，维修费用大。由于以上种种原因，导致建筑机械安全事故不断发生。

按照安全事故致因理论，建筑机械事故发生的主要原因有：人的不安全行为、物的不安全状态、管理缺陷及自然因素。

（1）人的不安全行为

1）操作人员技术素质差，安全意识淡薄，自我保护能力低，有的甚至未经培训就无证上岗操作；

2）冒险蛮干，违章作业、违章指挥；

3）违规安装拆卸作业，安装程序不符合规范；

4）不检查维护，不保养润滑，等等。

（2）物的不安全状态

1）建筑机械存在安全隐患。某些施工企业赶工期，忽视了对建筑机械的安全管理和维修保养，致使建筑机械经常带病工作；

2）安全装置和防护设施不齐全、设置不当或失灵，无法起到安全防护作用；

3）结构严重锈蚀；开焊、裂纹；连接螺栓松动；销轴脱落；钢丝绳断裂；

4）建筑机械本身存在缺陷，设计不合理、制造质量缺陷，配套件质量问题等。

（3）管理缺陷

1）没有建立健全严格的设备管理制度；

2）没有进行有效的监督检查，管理制度和各项规程不落实；

3）岗位责任制不落实，没有进行严格的考核；

4）缺乏专业技术管理人员，安全保证体系不健全等。

（4）自然因素

台风、暴雨等不可抗力因素。

另据统计，通过对建筑起重机械典型事故案例的分析，建筑起重机械的不安全状态造成事故约占 23%，人员的不安全行为造成事故约占 77%，建筑机械事故的发生反映在管、用、养、修各个方面，这些血的教训告诉我们企业建筑机械管理工作是企业安全生产的重要保证之一，建筑机械的合理使用、维修保养、安全监督是建筑机械安全运转的基础。

2. 建筑起重机械事故类型

建筑起重机械在拆装和使用过程中所发生的事故类型主要有七种：

1）整机失稳

起重机失稳可能有两种情况：一种是由于操作不当（例如重量或力矩限制失灵引起的超载、臂架变幅或旋转过快等）、支腿未找平或地基沉陷等原因，导致起重机由于力矩不平衡而倾翻；另一种是由于坡度或风载荷作用，使起重机沿倾斜路面或轨道滑动，发生不应有的位移、脱轨或翻倒。

2）金属结构的破坏

金属结构是塔式起重机重要组成部分，作为整台起重机的骨架，不仅承载起重机的自重还有吊重，而且构架了起重作业的立体空间。由于起重机的金属结构组成不同，金属结构破坏形式往往也不同。金属结构的破坏常常会导致严重伤害，甚至群死群伤的恶果，例如塔式起重机的起重臂折断、塔身标准节折断或上部结构坠落倒塌等。

3）重物坠落的打击伤害

重物坠落原因有多种，常见原因有吊具或吊装容器损坏、物件捆绑不牢而松散或滑落、挂钩不当发生脱钩。起升机构的零件发生故障或损坏（特别是制动器失灵、钢丝绳或吊钩断裂等）都可能引发重物坠落的危险。

4）人员高处跌落伤害

起重机的机体高大，塔式起重机高达几十米甚至上百米。为了获得作业现场清楚的观察视野，驾驶室往往设在金属结构的高处，很多建筑机械也安装在高处，塔式起重机转移场地时的拆装作业、起重机高处设备的维护和检修，以及安全检查测量，这些需要人员登高的场所和作业环节，都存在着人员从高处跌落伤害的危险。

5）夹挤和碾轧伤害

塔式起重机或汽车起重机的起重臂架作业回转半径与邻近的建筑结构之间的距离过小，使起重机在运行或回转作业期间，对尚滞留在其间的其他人员造成夹挤伤害。由于起重机整机的移动性，运行机构的操作失误或制动器失灵引起溜车可能对人员造成碰撞或碾轧伤害事故。

6）触电伤害

大多数起重机都是电力驱动，或通过电缆，或采用固定裸线将电力输入，起重机的任何组成部分或吊物与带电体距离过近或触碰带电物体时，都可以引发触电伤害。即使是流动式起重机，在输电线附近作业时，触碰高压线的事故也时有发生。直接触电或由于跨步电压会造成电伤、电击事故。

7）其他机械伤害

人体某部位与运动零部件接触引起的绞、碾、戳等伤害，液压元件或管路破坏造成高压液体的喷射伤害，运转零件破坏飞出物的打击伤害，抽拉吊索引起的弹射伤害等等，这些在一般机械上发生的伤害形式，在起重机作业中都有可能发生。

3. 建筑起重机械安装、使用存在的安全隐患

建筑起重机械在安装、使用过程中由于安装不到位，在安装后未经验收和检测情况下就投入使用，会存在很多安全隐患，甚至导致事故的发生。以下主要介绍塔式起重机和施工升降机存在的各种类型的和常见的安全隐患。

（1）塔式起重机存在的安全隐患

1）安装人员作业不按规范，标准节连接螺栓未按规范连接，主要是：标准节螺栓未拧紧，如图5-1、图5-2所示；标准节连接螺栓用螺母未拧入，如图5-3所示；标准节连接螺栓短，螺母无法拧入，如图5-4所示。

图5-1　螺栓未拧紧（1）

图5-2　螺栓未拧紧（2）

图 5-3　螺母未拧入

图 5-4　连接螺栓短

2）销轴开口销未安装或不规范，主要是：开口销漏装，如图 5-5、图 5-6 所示；开口销用铁丝和焊条代替，如图 5-7、图 5-8 所示；开口销未打开或未插入，如图 5-9、图 5-10所示。

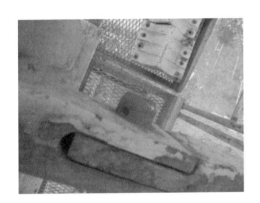

图 5-5　开口销漏装（1）

图 5-6　开口销漏装（2）

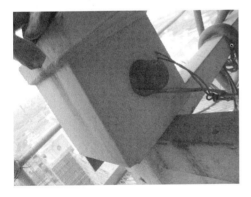

图 5-7　用铁丝代替开口销

图 5-8　用焊条代替开口销

3）销轴轴向卡轴板脱落，主要是：轴向固定焊接挡板脱落，如图 5-11 所示；卡轴板螺栓漏装，如图 5-12 所示；卡轴板漏装，如图 5-13 所示。

图5-9　开口销未插入　　　　　　　　　　　图5-10　开口销未打开

（a）　　　　　　　　　　　　　　　　　　（b）

图5-11　轴向固定焊接挡板脱落

图5-12　卡轴板螺栓漏装　　　　　　　　　　图5-13　卡轴板漏装

4）钢结构母材断裂及焊缝开裂，主要是：标准节主弦杆母材断裂，如图5-14所示；主弦杆开裂，如图5-15所示；回转平台母材开裂，如图5-16所示；回转平台焊缝开裂，如图5-17所示；基础锚脚母材开裂，如图5-18所示。

图 5-14　标准节主弦杆母材断裂

图 5-15　主弦杆开裂

图 5-16　回转平台母材开裂

图 5-17　回转平台焊缝开裂

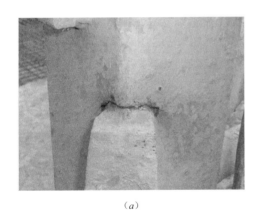

（a）

（b）

图 5-18　基础锚脚母材开裂

　　5）附墙装置焊接质量差，主要是：随意焊接或改造，加工制作过程中，控制不到位、质量不合格或非专业人员制作，如图 5-19 所示。

　　6）安全装置失效或损坏，主要是：力矩限制器限位未调整到位，如图 5-20 所示；力矩限制器限位开关漏装，如图 5-21 所示；限位器连接失效，如图 5-22 所示；变幅小车断

图 5-19　焊接质量差

图 5-20　力矩限制器限位未调整到位

图 5-21　力矩限制器限位开关漏装

图 5-22　限位器连接失效

绳保护器被绑扎，如图 5-23 所示；钢丝绳防跳保护装置损坏失效，如 5-24 所示；未安装卷筒防跳保护装置，如图 5-25 所示；吊钩钢丝绳防脱装置失效，如图 5-26 所示。

图 5-23　变幅小车断绳保护器被绑扎

图 5-24　钢丝绳防跳保护装置损坏失效

7）钢丝绳磨损断丝超标和安装不规范，主要是：磨损断丝达到报废标准，如图 5-27 所示；钢丝绳绳端未安装鸡心环，如图 5-28 所示。

8）塔式起重机基础积水，主要是标准节及底梁浸泡在水中，如图 5-29 所示。

图 5-25　未安装卷筒防跳保护装置

图 5-26　吊钩钢丝绳防脱装置失效

图 5-27　钢丝绳磨损断丝严重

图 5-28　钢丝绳绳端未安装鸡心环

图 5-29　塔式起重机基础积水

图 5-30　断电开关未安装

（2）施工升降机存在的安全隐患

施工升降机安装及使用中常见的主要问题是：对重防松绳保护断电开关未安装，如图 5-30 所示；对重导轨变形，对重极易脱轨，如图 5-31 所示；标准节齿条严重磨损，如图 5-32 所示；传动机构传动板被焊接固定，如图 5-33 所示；吊笼高度限位挡块固定不牢，如图 5-34 所示；吊笼钢结构锈蚀破损，如图 5-35 所示。

图 5-31　对重导轨变形

图 5-32　标准节齿条严重磨损

图 5-33　传动机构传动板被焊接固定

图 5-34　吊笼高度限位挡块固定不牢

图 5-35　吊笼钢结构锈蚀破损

（二）建筑机械安全运行管理体系

　　企业是安全生产管理的主体，必须建立建筑机械设备安全保障体系，严格遵守和执行安全生产法律法规、规章制度与技术标准，依法依规加强安全生产，加大安全投入，健全安全管理机构，加强班组安全建设，保持安全设备设施完好有效。企业主要负责人要切实承担安全生产第一责任人的责任，加强现场施工机械安全管理，要采取多种预防手段和管理措施，把机械设备的安全管理贯穿于机械设备管理的全过程。

1. 建立健全建筑机械安全管理制度

建筑机械管理制度是施工企业管理的一项基本制度，覆盖设备管理的全过程。企业应根据国家有关法律法规结合本单位情况，制定本单位的各项建筑机械安全管理制度。制度应明确管理要求、职责、权限及工作程序，确定监督检查、考核的方法，形成文件下发并实施。

2. 建立安全生产责任制

安全生产责任制是施工企业安全管理最基本的一项制度。安全生产责任制是安全生产管理工作中的重要组织手段，通过明确规定各级领导、各级管理部门、各类管理及作业人员在施工生产中的岗位和安全责任，把建筑机械安全管理与各部门、所有人员的工作联系在一起，强化企业各级安全生产责任，增强员工安全生产意识，形成全员抓管理、人人管安全的局面。安全生产责任制要确定安全管理目标，并进行分解落实、监督检查、考核奖罚，确保每个员工、每个部门都能认真履行各自的安全责任，实现全员安全生产。

3. 健全管理机构、配备管理人员

住房和城乡建设部文件：关于印发《建筑施工企业安全生产管理机构设置及专职安全生产管理人员配备办法》的通知（建质〔2008〕91号），规定了安全管理机构的设置和人员配备。其中：

第五条：建筑施工企业应当依法设置安全生产管理机构，在企业主要负责人的领导下开展本企业的安全生产管理工作；第八条：建筑施工企业安全生产管理机构专职安全生产管理人员的配备应满足下列要求，并应根据企业经营规模、建筑机械管理和生产需要予以增加：

（一）建筑施工总承包资质序列企业：特级资质不少于6人；一级资质不少于4人；二级和二级以下资质企业不少于3人。

（二）建筑施工专业承包资质序列企业：一级资质不少于3人；二级和二级以下资质企业不少于2人。

（三）建筑施工劳务分包资质序列企业：不少于2人。

（四）建筑施工企业的分公司、区域公司等较大的分支机构（以下简称分支机构）应依据实际生产情况配备不少于2人的专职安全生产管理人员。

建筑机械管理是一项技术性较强的专业管理，技术含量高，专业性强，危险性大，需要由专门的机构和专业人员来管理。施工企业建筑机械管理机构主要负责建筑机械购置、安装、使用、安全等综合管理工作，施工项目须配备建筑机械管理人员，主要负责建筑机械的进场验收、安装拆卸、维修保养、合理使用、检查巡查等具体设备管理工作，配合专业管理机构来保证设备管理各项措施的落实，确保设备的安全稳定运行，达到安全生产的目的。通过高效有序的建筑机械管理工作，可以使企业建筑机械装备的效能得以充分发挥，延长设备使用寿命，提高企业经济效益。

4. 建筑机械检查

建筑机械检查是建筑机械使用、安全管理的重要手段，是落实建筑机械管理制度和各项安全技术规程的有效措施。通过检查及时发现问题、处理故障，消除安全隐患，对保证建筑机械安全高效运转起到十分重要的作用。

企业内部建筑机械检查活动分为定期检查、不定期检查、日常巡查等多种检查形式。

定期检查：一般分为月检查、季检查及年度大检查等，一般由公司设备、安全及相关部门组成检查组，对建筑进行全面检查、评分、总结、表彰。

不定期检查：一般分为建筑启用检查、雨期大检查、冬期大检查以及各专项大检查。

日常巡查：一般由施工项目设备或安全管理部门，对使用的设备以及重点工程、特殊工程、危险项目等进行经常性的检查活动。

检查标准企业可以根据自有设备情况制定，目前采用的设备安全检查标准主要是：JGJ 160—2008《施工现场机械设备检查技术规程》、JGJ 59—2011《建筑施工安全检查标准》及其他标准和规范。

5. 安全教育和技术培训

安全教育和技术培训是提高各级领导、管理人员、作业人员的安全素质、管理能力和技术水平的基础工作，在高度认识机械设备安全生产的重要性基础上，精通建筑机械管理专业知识，提高技术水平。

建筑施工企业的安全教育，是学习掌握国家安全生产法律法规和新的管理规定，提高安全生产意识和管理能力，掌握安全生产知识和操作技能，熟悉企业安全管理规章制度，遵守安全操作规程，增强事故预防和应急处理能力。

6. 建筑机械安全生产事故应急救援

施工单位应当根据施工单位状况和施工现场情况，编制建筑机械事故应急救援预案，其目的一旦突发事故，及时、有序的救援，减少事故对施工人员、周边居民和环境的危害。因此，施工现场事故一般编制事故处置方案，提出详尽、实用、明确和有效的技术措施与组织措施。

（三）建筑起重机械应急救援预案

生产经营单位安全生产事故应急预案是国家安全生产应急预案体系的重要组成部分。建筑起重机械安装及使用过程中可能面临多种自身事故及生产安全事故，因此施工总承包单位及安装单位，应针对建筑起重机械的特点，编制建筑起重机械使用应急预案和建筑起重机械安装施工应急救援预案，其目的是一旦突发事故能够及时、有序地开展救援，减少事故损失。

1. 建筑起重机械应急救援预案编写依据

建筑起重机械生产安全专项应急预案的编制，应依据《生产经营单位安全生产事故应急预案编制导则》（AQ/T 9002—2006），结合本单位情况和危险源状况、危险性分析情况和可能发生的事故特点制定相应的专项应急预案。预案的内容主要包括：危险源及有害因素辨识；事故类型和危险度分析；应急组织体系；指挥机构及职责；危监控预防措施；应急响应；应急物资及装备保障等。

2. 建筑起重机械专项应急救援预案

某单位编写的建筑起重机械现场事故专项应急预案如下：

（1）目的

为预防建筑起重机械在现场安装和使用过程中，突然发生高空坠落事故、起重伤害、触电、限位装置失控、起重机械倾倒及断臂等重大事故，为了预防及减少财产损失和人员伤亡，将事故造成的损失降到最低限度，积极采取的应急准备和响应预案。

应急准备和响应预案要坚持"安全第一，预防为主，综合治理"的方针，坚持应急救援"保护人员安全优先，防止和控制事故扩大优先"的原则，贯彻"常备不懈、统一指挥、高效协调、持续改进"的原则。

（2）重大事故（危险）分析

1）建筑起重机械现场作业中突然安全限位装置不全或部件失控，或违反安全规程操作，造成重大事故（如失稳倾翻、折臂等）；

2）塔式起重机、施工升降机安装和拆除过程中发生的人员伤亡事故；

3）建筑起重机械运行过程中可能发生的重大事故（高处坠落、物体打击、起重伤害、触电等）造成的人员伤亡、财产损失、环境破坏；

4）自然灾害（如雷电、沙尘暴、地震、强风、强降雨、暴风雪等）对设施的严重损坏。

（3）应急准备

1）机构与职责

大型起重机械发生安全事故，大型起重机械使用单位领导及有关部门负责人必须立即赶赴现场，组织指挥应急处理，成立现场应急领导小组。应急救援人员应根据事故现场条件，在保护自身安全的前提下，严格按照急救防护措施规定和要求以及《产品使用说明书》、《安全操作规程》的处理方法进行应急处理，尽可能避免二次事故的发生。

大型起重机械现场事故应急救援领导小组

组长：大型起重机械使用单位第一领导（或主管安全领导）

成员：指挥组人员

抢救组人员

疏散组人员

排障组人员

车辆引导人员

应急救援领导小组职责

组长职责：研究、审批抢险方案；组织、协调各方抢险救援的人员、物资、交通工具等，保持与上级领导机关的通讯联系，及时发布现场信息。

① 指挥组，主要负责事故发生后现场指挥工作，负责调集人员、物资等立即抢险，把人员和物质损失控制在最小限度。调查事故原因制定整改措施。

② 抢救组，事故发生后立即开展伤员救护工作，在医疗人员到来前对伤员进行初步医疗护理并运离事故现场，对伤员妥善安置并在医疗人员抵达后帮助医疗人员了解现场人员伤亡情况，以利抢救和辅助搬运伤员。

③ 人员疏散组，主要负责事故发生后疏散与抢险、抢救工作无关人员，指引人员到安全地带，避免扩大伤亡。

④ 排障组，负责事故发生后事故现场的清理，为抢救伤员扫清障碍，并负责搜救伤员和防止连锁事故。

⑤ 车辆引导人员，负责引导场内车辆为抢险腾出有效空间，同时引导消防和救护车辆进入场地合理布局、有效作业。

2）应急资源

应急资源的准备是应急救援工作的重要保障，各使用大型起重机械单位应根据潜在事故的性质和后果分析，配备应急救援中所需的消防手段、救援机械和设备、交通工具、医疗设备和药品、生活保障物资。

应急物资主要有：

① 氧气瓶、乙炔瓶、气割设备一套；

② 急救药箱 1 个；

③ 钳工、电工常用工具各一套，大绝缘剪；

④ 配备特种防护用品，如绝缘鞋、绝缘手套等；

⑤ 大型照明灯具及手电筒；

⑥ 移动电话及对讲机；

⑦ 指挥旗及应急车辆。

3）教育、训练

为全面提高应急能力，大型起重机械使用单位应对抢险人员进行必要的抢险知识教育，每个抢险小组成员都要明确自己在事故发生时的职责，还应进行预演来检查应急的组织、人员、设施、工具是否能满足抢险的要求，包括应急内容、计划、组织与准备、效果评估等。

针对各种可能发生的事故危险目标及危险特性和应急救援工作的实际情况，按照应急救援的方针要求，坚持应急救援"保护人员安全优先，防止和控制事故扩大优先"的原则进行教育、训练与演练，增强应急救援人员的事故预防和应急处理能力，力争做到应急救援工作迅速、准确、有效。

公司每年进行两次应急预案指导，必要时，协同项目部进行应急预案演练。

4）周边援助协议

大型起重机械使用单位应事先与最近相适应的地方医院、宾馆签订正式的援助协议，以便在事故发生后及时得到外部救援力量和资源的援助。

5）通讯

大型起重机械使用单位必须将119、120、110应急救援值班电话、企业应急领导组织成员电话、当地安全监督部门电话号码，明示于工地显要位置。总公司应急救援值班电话实行昼夜值班制度。

（4）应急响应

1）事故发生后，最先发现者要立即报告直接领导、主管领导或值班领导。领导接到报告后，应立即启动应急救援小组，采取有效措施控制事态扩大，并按相关规定在规定时间内逐级向上报告。

2）开展救援工作时，制定统一的指挥信号和行动方案、组织路线，任何人的行动和作业都必须服从统一指挥和领导。

3）首先要了解事故情况以及伤员地点、数量和轻重，然后依情况分组携带必要器械组织救护。同时观察事故现场情况，对于潜在安全隐患及时采取措施进行防护或排除。需要车辆、大型起重机械辅助抢险时及时联系相关人员。需要救护车、消防车或警力支援到现场实施抢救，可直接拨打120、119、110等求救电话。

4）及时划分应急区域、安全区域，事故边坡危害半径以内的任何区域为应急区域范围。做好救援工作的过程控制，提高救援工作质量，避免连带事故发生。

5）要维持好现场秩序，禁止无关人员靠近事故现场及消防场地，保护消防设施，制止一切对抢险活动起消极作用的行为。

6）处理电气、特种作业故障应由专业人员进行。

7）遇到紧急情况，全体职工应特事特办、急事急办，主动积极地投身到紧急情况的处理中去。各种设备、车辆、器材、物资等应统一调遣，各类人员必须坚决无条件服从组长或副组长的命令和安排，不得拖延、推诿、阻碍紧急情况的处理。

8）总公司安保部对事故的处理、控制、进展、升级等情况进行信息收集，有针对性向外界和内部如实的报道。

（5）现场恢复

大型起重机械的恢复必须经专业人员进行修复，并经特种设备技术监督检验所检验合格后，安全隐患彻底清除方可恢复正常工作状态。

（6）预案管理与评审改进

总公司和各使用单位对应急预案的有效性进行评审修订，针对施工的变化及预案中暴露的缺陷，不断更新完善和改进应急预案。

（四）建筑起重机械安装拆卸的监督管理

根据建设部《建筑起重机械安全监督管理规定》，施工单位、监理单位、建筑起重机械出租单位和安装单位对建筑起重机械安装拆卸管理均有各自的责任，建筑起重机械从安装到拆除均有严格的管理程序，其监督管理流程如图 5-36 所示。

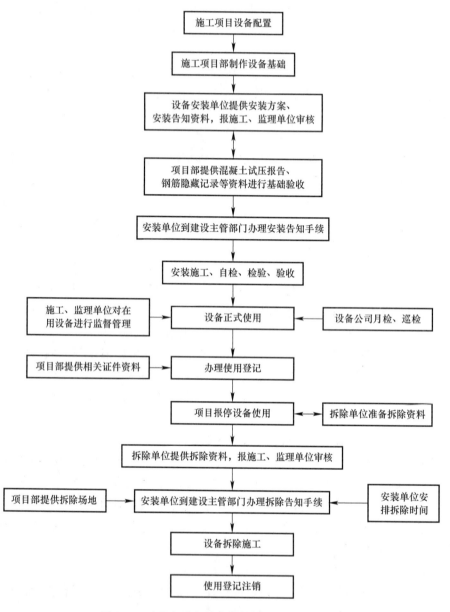

图 5-36 建筑起重机械安装拆卸监督管理流程图

1. 产权备案

建筑起重机械备案是由建设主管部门根据规定，对产权单位的建筑起重机械进行登记编号，发给备案证明。通过备案管理对建筑起重机械进行统计跟踪，以便进行有效的管理。

（1）备案单位及要求

建筑起重机械出租单位或者自购建筑起重机械使用单位即产权单位，在建筑起重机械首次出租或安装前，应当向本单位工商注册所在地县级以上地方人民政府建设主管部门办理备案。

（2）备案提交资料

产权单位在办理备案手续时，应当向备案机关提交以下资料：

1）产权单位法人营业执照副本；

2）制造许可证；

3）产品合格证；

4）制造监督检验证明；

5）购销合同、发票或相应有效凭证；

6）备案机关规定的其他资料。

（3）不予备案规定

有下列情形之一的建筑起重机械，备案机关不予备案，此类建筑起重机械应该办理备案注销并采取解体等销毁措施予以报废：

1）属国家和地方明令淘汰或者禁止使用的；

2）超过制造厂家或者安全技术标准规定的使用年限的；

3）经检验达不到安全技术标准规定的。

（4）备案证明领取

备案机关应当自收到产权单位提交的备案资料之日起 7 个工作日内，对符合备案条件且资料齐全的建筑起重机械进行编号，向产权单位核发建筑起重机械备案证明。

2. 安装（拆卸）告知

建筑起重机械安装、（拆卸）实行安装（拆卸）告知制度，安装单位应当在建筑起重机械安装（拆卸）前 2 个工作日内，告知工程所在地县级以上地方人民政府建设主管部门。安装（拆卸）告知所提交的如下资料，需经施工总承包单位、监理单位审核：

（1）建筑起重机械备案证明；

（2）安装单位资质证书、安全生产许可证副本；

（3）安装单位特种作业人员证书；

（4）建筑起重机械安装（拆卸）工程专项施工方案；

（5）安装单位与使用单位签订的安装（拆卸）合同及安装单位与施工总承包单位签订的安全协议书；

（6）安装单位负责建筑起重机械安装（拆卸）工程专职安全生产管理人员、专业技术人员名单；

（7）建筑起重机械安装（拆卸）工程生产安全事故应急救援预案；

（8）辅助起重机械资料及其特种作业人员证书；

（9）施工总承包单位、监理单位要求的其他资料。

3. 安装施工

建筑起重机械安装（包括拆卸、顶升、附墙）是最容易发生安全事故的施工，需要对安装作业准备到安装完毕验收的各个环节制定严格制度，使整个安装施工处于受控状态下。

（1）资质

建筑起重机械的安装拆卸实行资质管理，根据建设部《起重设备安装工程专业承包企业资质等级标准》等有关规定，把建筑起重机械安装拆卸纳入建设工程专业承包，起重机械的安装拆卸必须由取得建设行业行政主管部门颁发的安装拆卸资质证书的专业队伍进行，并在资质许可范围内从事拆装施工作业。

安装单位依法取得建设主管部门颁发的相应资质，同时还必须取得建筑施工企业安全生产许可证，以保证安装拆卸的施工工程安全。

产权（或使用）单位的建筑起重机械若委托安装单位安装拆卸，双方应当签订建筑起重机械安装拆卸合同，并明确双方的安全生产责任。实行施工总承包的，施工总承包单位应当与安装单位签订建筑起重机械安装、拆卸工程安全协议书。

（2）安装拆卸作业人员

建筑起重机械安装拆卸的作业人员必须经过专业安全技术培训，取得建设行政主管部门颁发的"建筑起重机械安装拆卸工"上岗证书，方可从事安装拆卸作业，并与公司签订劳动合同，按照安全生产法要求履行权利和义务，无证人员不得从事安装拆卸作业。

（3）专项施工方案

建筑起重机械的安装拆卸是一项专业性强，技术要求高，安全要求严格规范的特殊作业，必须编制专项施工方案，包括塔式起重机、施工升降机等大型机械设备的安装、附着锚固、顶升、降节、拆卸方案，并严格依照专项施工方案进行作业。

安装企业应建立拆装方案编制管理制度，明确方案的编制部门、人员、内容、审批程序、签发人等相关事宜。编制审批程序一般由技术人员编写方案，有关技术人员、安装拆卸人员讨论、相关部门人员审阅，技术负责人审批。方案审批后应该严格执行，不得随意改变方案规定的工艺规程，如遇特殊情况需要变更，应由技术人员进行编写"变更补充方案"，审批后执行。

专项施工方案包括建筑起重机械的安装方案、附着顶升方案、拆卸方案，应结合现场和设备实际情况逐台次编写。方案内容包括工程概况、现场环境、设备情况、人员组成、辅助设备和工具、安装拆卸工艺、作业程序、方法、技术安全措施等。施工方案是安装拆卸施工的作业指导书，是安装拆卸质量安全的重要保证。

（4）安全技术交底

安全技术交底是建筑起重机械安装拆卸作业安全管理的一项重要工作内容，有利于拆装的安全有序进行。安装单位应制定安全技术交底管理制度，明确交底的编制部门、交底内容、交底人、被交底人、交底过程方法等，安装、顶升附着、拆卸等各作业前均应分别进行安全技术交底。

安全技术交底一般由方案编制人、拆装负责人、现场指挥或安全员进行交底，交底过程中作业人员、交底人互动交流，弄懂每一个问题，交底人、被交底人分别在交底记录表格中签字。

安全技术交底内容主要是拆装方案的基本内容，重点介绍施工方案、程序、要点、操作规程、安全技术措施及注意事项，使全体作业人员心中有数，增加安全意识，遵守纪律，听从指挥，协调施工，保证安全作业。

（5）安装拆卸作业

1）安装前检查：安装（拆卸）前对设备进行检查，各零部件应该完好齐全，杜绝设备带病施工，确保正常安装拆卸。

2）安装拆卸施工：上述准备工作完毕后，方可开始进行安装拆卸施工作业。作业中要执行安全技术交底的内容和要求，按照安装拆卸工艺流程组织施工，作业人员进入自己岗位并明确责任和作业内容，在技术、安全人员的安全监护和技术支持下，按照施工方案规定的程序和工艺进行安装拆卸施工作业。

3）安装监督：安装单位安全及技术负责人应对安装过程进行监督，解决安装施工可能遇到的问题。施工总承包单位设备和安全人员对安装过程进行监督，监理单位应派安全监理工程师进行旁站监理。

（6）安装自检

安装完毕后安装单位按照有关技术规定进行调试，调试内容包括安全装置、各工作机构、电器系统、钢结构连接等，并进行载荷试验，调试完毕后，出具自检合格报告。

4. 安装检验

建筑起重机械安装完毕后（验收前），报请具有相应资质的检验检测机构对安装的建筑起重机械进行安装检验，检验合格后出具《验收检验报告》，检验检测机构和检验检测人员对检验检测结果、鉴定结论依法承担法律责任。

5. 安装验收

使用单位组织出租、安装、监理等有关单位进行验收，填写有关表格并签字；或者委托具有相应资质的检验检测机构进行验收。实行施工总承包的，由施工总承包单位组织验收。建筑起重机械经验收合格后方可投入使用，未经验收或者验收不合格的不得使用。

6. 使用登记

建筑起重机械使用单位在建筑起重机械安装验收合格之日起 30 日内，向工程所在地县级以上地方人民政府建设主管部门（简称"使用登记机关"）办理使用登记。使用单位在办理建筑起重机械使用登记时，应当向使用登记机关提交下列资料：

（1）建筑起重机械备案证明；

（2）建筑起重机械租赁合同；

（3）建筑起重机械检验检测报告和安装验收资料；

（4）使用单位特种作业人员资格证书；

（5）建筑起重机械维护保养等管理制度；

（6）建筑起重机械生产安全事故应急救援预案；

（7）使用登记机关规定的其他资料。

使用登记机关自收到使用单位提交的资料之日起 7 个工作日内，对于符合登记条件且资料齐全的建筑起重机械核发建筑起重机械使用登记证明。

有下列情形之一的建筑起重机械，使用登记机关不予使用登记并有权责令使用单位立即停止使用或者拆除，并注销建筑起重机械使用登记证明。

（1）属国家和地方明令淘汰或者禁止使用的；

（2）超过制造厂家或者安全技术标准规定的使用年限的；

（3）经检验达不到安全技术标准规定的；

（4）未经检验检测或者经检验检测不合格的；

（5）未经安装验收或者经安装验收不合格的。

六、建筑机械成本核算

建筑机械经济核算是机械设备使用寿命期内全过程的经济活动，也是施工单位成本重要内容之一，是管好设备、合理配置资源和合理使用设备资源的有效措施。加强成本核算和成本控制，强化建筑机械的管、用、养、修制度和规定的落实，对增强市场竞争能力，有着十分重要的作用。

（一）建筑机械成本核算类型

建筑机械成本核算，是企业对建筑机械经济管理的重要内容，特别是机械分公司的经营管理，需要对建筑机械进行使用成本核算。建筑机械成本核算包括单机核算、班组核算、维修核算等，其中单机核算为最基本的核算方式，将在下节重点介绍。

1. 班组核算

由班组管理的中小型机械，一般适合于班组核算。班组核算与单机核算在项目核算中互为补充，结合起来运用，班组核算的内容主要有以下 3 个方面：

（1）完成任务和收入。完成任务可按产量、台班定额考核，收入可按产量，也可按承揽工程中建筑机械使用费计算，或按使用台班数折合台班费计算。

（2）建筑机械的消耗支出。包括机械台班费组成的各项费用支出，按定额考核。

（3）采取改进措施。根据考核期中的分项收入、支出费用核算其盈亏数，通过分析，找出薄弱环节，采取改进措施。

2. 修理费用核算

（1）大修理成本核算

单机大修理成本核算是由修理单位对大修竣工的建筑机械按照修理定额中划分的项目，分项计算其实际成本。其中主要项目有：

1）工时费：按实际消耗工时乘以工时单价，即为工时费。工时单价包括人工费、动力燃料费、工具使用费、固定资产使用费、劳动保护费、车间经费、企业管理费等项的费用分摊，由修理单位参照修理技术经济定额制定。

2）配件材料费：如采取按实报销，则应收支平衡；如采取配件材料费用包干，则以实际发生的配件材料费与包干费相比，即可计算其盈亏数。

3）油燃料及辅料：包括修理中加注和消耗的油燃料、辅助材料、替换设备等一般按定额结算，根据定额费用和实际费用相比，计算其盈亏数。

上述各项构成建筑机械大修实际成本，与计划成本（修理技术经济定额）对比，可以考核定额执行情况和 1 台大修理建筑机械成本的盈亏情况。

（2）建筑机械维护保养成本核算

各等级维护保养是在加强单机考核的基础上，把单台建筑机械一定时间内消耗的维修费用累计，找出维护保养费消耗最多的，以便有计划、有针对性地制定措施，降低维修费用。建筑机械保养项目有定额的，可计算实际发生的费用与定额相比，了解定额执行情况和维护保养费用盈亏。没有定额的保养、检修项目，应包括在单机核算和班组核算中，采用承包方式，以促进维修工与操作工密切配合，共同为降低或减少维修费用而努力。

（二）建筑机械的单机核算内容

单机核算就是对单台建筑机械进行经济核算，其核心内容就是收入、成本支出和核算盈亏三大部分。

1. 收入统计分析

建筑机械当月收入是指该机当月实际完成的工作量或创造的施工经营产值，作好统计是单机核算最关键的问题。建筑机械收入应当依据不同核算目标和该机械自身特点分为不同的核算层次，建筑机械收入在公司核算的层面应该是建筑机械合理的折旧回收，以及该机械购置时所投入的资金若用于其他社会投资所得的回报（一般不低于该笔资金市场同期利息）。项目核算层应以当月实际完成工作量乘以市场单价。

以实际工作台班计算时，首先应统计当月实际的工作台班，统计依据为《建筑机械运转记录》的运转台时数。

以实际完成工程量计算时，应逐项做好每班实际完成工作量的统计工作。统计数据要客观、全面、准确，尤其要注意辅助工程，不能遗漏。工程单价应当依照投标单价或承包单价，如从事的辅助工程无计量单位，则按建筑机械台班定额进行折算。

做好收入统计分析工作应注意以下几点：

（1）项目部须建立相对独立的建筑机械工作量或工作台时统计制度。特别是在土石方工程（或其他某项专项工程）较多的项目，应安排专人建立统计台账并负责现场统计工作，及时汇总每班次每台设备完成的工程量，统计工作要保持连续性，形成完备的第一手资料。

（2）建筑机械实际完成工作量统计应与机械操作工劳务承包工资挂钩，使机械操作工成为自然的统计数据校核者，保证数据准确性和有效性。在实行单机核算过程中要形成与之配套的计件工资制度。

2. 成本支出统计与分析

建筑机械成本支出分为固定支出和变动支出两部分。

其中固定支出费用包括：月提折旧（使用费）、保险费、养路费、运管费、车船使用税、车辆年审等费用等，这些费用可参照公司《机械设备使用费收取表》、收费结算凭证，每月汇总分机计入。

变动支出费用包括：动力费（电费）、燃料费、维修费（含配件费、修理人员工资及附加费、保养费、润滑油、工具费及操作工工资及附加费等）。动力燃料是管理重点，针对油动机械设备应随车建立《机械加油手册》，加油记录由物资管理部门据实登录，同时需要由操作工签字确认，月终与物资科台账进行核对；电动设备应设专用电表进行电力计量。工具配件及维修保养材料由项目物资管理部门配合机械管理人员从物资台账中筛选得出，并编制各设备材料消耗明细表；维修用工时费用可从修配人员工资中进行摊销；操作人员工资按照计件工资结算成果，按单车汇入。最终汇总设备成本支出总额，并形成单位成本指标和盈亏分析情况。

单机核算数据的收集，应该注意以下几个问题：

（1）严格配件工具领用程序。配件工具应严格按照限额领料操作程序执行，以设备管理人员为第一控制责任人，任何配件工具领用必须由机械管理员签认的《配件领用审批单》方可发料。重要配件及轮胎等必须实行"交旧领新"，作好事中控制。

（2）严格维修保养程序。建筑机械若需维修保养，机械管理人员应首先填写《建筑机械维修保养单》，注明建筑机械报修内容，修理人员维修保养完成后，由操作人员进行签认。委托外部单位维修应另行审批。如因人为因素（如缺水、缺机油）造成建筑机械损坏，发生的维修费，应由操作人员承担。

（3）严格数据准确性。数据统计与公司物资电算化一起实行，有良好的基础，但要将建筑机械配件作为一项重要内容做仔细，必须加强物资管理人员的培训，编制好配件目录，做到配件验收入库、登记上账，发料领用名称型号正确无误。

3. 盈亏核算分析

收入—实际支出＝＋（盈）或－（亏）（A）

实际支出/完成工作量＝元/单位产量（B）

根据建筑机械自身特点，应建立起与之相配套的两种考核目标，可称为总费用法和单价指标法。总费用法即如上式（A），以当月建筑机械总收入减去总支出得出盈亏结果，直接进行核算；价格指标法是指采用建筑机械实际总费用除以建筑机械实际完成工作量，计算出单位工作量的机械成本，如上式（B），如混凝土拌和楼的单方拌和成本、土石方挖装的单方成本等。

建筑机械盈亏分析应注意以下两点：

（1）灵活运用分析指标，有针对性的解决实际问题：建筑机械收入支出统计以后，应以不同的核算指标对数据进行有针对性的分析，查找盈亏和单方成本升降的具体原因。

例如是因为工作不饱满、操作工责任心不强，还是建筑机械自身故障隐患较多，应提出具体的原因，分析内容应和单机核算台账一起上报公司。

（2）落实计件工资或效益工资发放。作为计件工资的补充，增加效益工资项目。效益工资由单位核算盈亏指标和油耗考核奖罚金额组成，对各类建筑机械应加以区别。

4. 寿命周期费用核算

对单台建筑机械从购入到报废整个寿命期中的经济成果核算称为寿命周期费用核算。此种核算方式反映整个寿命周期的全部投入、支出和经济效益，从中得出寿命周期费用构成的比例和变化的分析资料，作为改进设备管理的依据。并可以对建筑机械的改进、更新提供资料。寿命周期费用核算是建筑机械核算中最全面最准确地核算方式。但大型建筑机械的寿命周期一般约为 10 年左右，必须具备完善的机械管理基础工作，能积累机械整个寿命期的全面资料，才能进行这种核算，有一定难度。但这种核算搞好了，能全面地反映施工单位设备的使用情况、管理情况和经济效益情况，并对强化建筑机械的使用管理有很强的指导性。

（三）建筑机械成本核算应遵循的原则

成本核算是成本管理工作的重要组成部分，它是将企业在生产经营过程中发生的各种耗费按照一定的对象进行分配和归集，以计算总成本和单位成本。成本核算的准确与否，直接影响企业的成本预测、计划、分析、考核和改进等控制工作，同时也对企业的成本决策和经营决策的正确与否产生重大影响。成本核算过程，是对企业生产经营过程中各种耗费如实反映的过程，也是为更好地实施成本管理进行成本信息反馈的过程，因此，成本核算对企业成本计划的实施、成本水平的控制和目标成本的实现起着至关重要的作用。

1. 成本核算应具备的条件

（1）要有一套完整而先进的技术经济定额作为核算依据，包括原材料、燃料、动力、工时等消耗定额；

（2）要有健全的原始记录，要求准确、齐全、及时，同时要统一格式、内容及传递方式等；

（3）要有严格的物资领用制度，材料、油料发放时，要做到计量准确、供应及时，记录齐全；

（4）要有明确的单机原始资料的传递速度。

通过成本核算，可以检查、监督和考核预算和成本计划的执行情况，反映成本水平，对成本控制的绩效以及成本管理水平进行检查和测量，评价成本管理体系的有效性，研究在何处可以降低成本，进行持续改进。

2. 成本核算的作用

（1）完整地归集与核算成本计算对象所发生的各种耗费；

（2）正确计算生产资料转移价值和应计入本期成本的费用额；

（3）科学地确定成本计算的对象、项目、期间以及成本计算方法和费用分配方法，保证各项施工成本的准确、及时。

正确、及时地进行成本核算，对于企业开展增产节约和实现高产、优质、低消耗、多积累具有重要意义。

3. 成本核算应遵循的原则

为了发挥施工项目成本管理职能，提高施工项目管理水平，施工项目成本核算必须讲质量，才能提供对决策有用的成本信息。要提高成本核算质量，除了建立合理、可行的施工项目成本管理系统外，很重要的一条，就是遵循成本核算的原则。

（1）确认原则，是指对各项经济业务中发生的成本，都必须按一定的标准和范围加以认定和记录。

（2）分期核算原则，施工生产是川流不息的，企业（项目）为了取得一定时期的施工项目成本，必须将施工生产活动划分若干时期，并分期计算各期项目成本。成本核算的分期应与会计核算的分期相一致，便于财务成果的确立。

（3）相关性原则，也称"决策有用原则"。成本核算要为企业（项目）成本管理目的服务，成本核算不只是简单的计算问题，要与管理融于一体，核算为管理服务。所以，在具体成本核算方法、程序和标准的选择上，在成本核算对象和范围的确定上，应与施工生产经营特点和成本管理特性相结合，并与企业（项目）一定时期的成本管理水平相适应。

（4）一贯性原则，是指企业（项目）成本核算所采用的方法应前后一致。成本核算办法的一贯性原则体现在各个方面，如耗用材料的计价方法、折旧的计提方法、施工间接费的分配方法、未完施工的计价方法等。

（5）实际成本核算原则，是指企业（项目）核算要采用实际成本计价。必须根据计算期内实际产量（已完工程量）以及实际消耗和实际价格计算实际成本。

（6）及时性原则，指企业（项目）成本的核算、结转和成本信息的提供应当在要求时期内完成。

（7）配比原则，是指营业收入与其相对应的成本、费用应当相互配合。为取得本期收入而发生的成本和费用，应与本期实现的收入在同一时期内确认入账，不得脱节，也不得提前或延后，以便正确计算和考核项目经营成果。

（8）权责发生制原则，是指凡是当期已经实现的收入和已经发生或应当负担的费用，不论款项是否收付，都应作为当期收入或费用处理；凡是不属于当期的收入和费用，即使款项已经在当期收付，都不应作为当前的收入和费用。

（9）谨慎原则，是指在市场经济条件下，在成本、会计核算中应当对企业（项目）可能发生的损失和费用，做出合理预计，以增强抵御风险的能力。

（10）重要性原则，是指对于成本有重大影响的业务内容，应作为核算的重点，力求精确，而对于那些不太重要的琐碎的经济业务内容，可以相对从简处理，不要事无巨细，均作详细核算。

（11）明晰性原则，是指项目成本记录必须直观、清晰、简明可控，便于理解和利用，使项目经理和项目管理人员了解成本信息的内涵，弄懂成本信息的内容，便于信息利用，有效地控制本项目的成本费用。

施工项目成本核算在施工项目管理中的重要性主要体现在两个方面：一方面它是施工项目进行成本预测，制定成本计划和实行成本控制所需信息的重要来源；另一方面它又是施工项目进行成本分析和成本考核的基本依据。

（四）施工项目建筑机械使用费核算

建筑施工市场竞争日趋激烈，成本核算和控制也成为各施工企业关注的焦点，其中建筑机械使用费是核算重点之一，施工项目应开展项目建筑机械费核算，建立建筑机械经济核算考核管理方法,降低建筑机械使用成本。

建筑机械使用费又称机械费,是指在施工过程中使用的建筑机械所发生的台班费和建筑机械的租赁费以及建筑机械的安装、拆卸和进出场费等。机械费核算就是将实际发生的自有建筑机械费用和建筑机械租赁费用汇总,与工程预算中机械费预算相比较,确定盈余还是亏损,是否在成本计划和成本控制之内。

1. 自有建筑机械费用

随着施工项目经济核算管理的逐步加强,施工项目自有建筑机械费用也应进行核算。施工项目自有建筑机械多为小型设备,如钢筋加工机械、木工机械等,如果是项目购买的小型机具,可以直接计入项目成本,列入建筑机械费用;如果是作为固定资产使用的,按实际发生计算机械台班费。

2. 建筑机械租赁费用

随着建筑机械租赁市场的不断完善,施工项目很多大型建筑机械都采取租赁制,从租赁来源以看,主要有企业内部租赁和企业外部租赁。

企业内部设备租赁,是企业组建的内部租赁站或机械公司,对企业内部施工项目使用的建筑机械实行租赁,根据企业内部租赁的管理规定,一般内部租赁制的,价格优惠,减免一些项目费用,租赁价格低于市场,但租赁费列入项目机械费。

随着建筑机械租赁市场的日益成熟,企业外部租赁越来越多,外部租赁价格实行市场定价,除租赁费外,大型建筑机械还要发生进出场费和安装拆卸费,这些费用均应列入项目建筑机械使用费支出。施工项目应按照当月发生租赁费,编制建筑机械租赁费结算表,计入当月工程实际成本。

建筑机械租赁计价方式通常有如下三种:

月计租:这里主要是指按月租赁的大型建筑机械的租金结算,每月由专人对外租的所有建筑机械逐台进行签证,统计汇总。

台班计租:这里主要是指按台班租赁的建筑机械的租金结算,每台建筑机械的月租金＝台班单价×台班数

台时计租:这里主要是指按台时租赁的建筑机械的租金结算,每台建筑机械的台时租金＝台时单价×台时数

施工项目有多台建筑机械,不同建筑机械也有不同的计租方法,由双方签订的租赁合同来确定。

月租赁费合计为:

$$项目建筑机械月租赁费＝\sum(某种建筑机械的月租赁费)＋\sum(某种建筑机械的工作台班单价×机械台班数)＋\sum(某种建筑机械工作台时租赁单价×该机械台时数)$$

每台租赁建筑机械还要发生安装拆卸和进出场费等,一般在租赁合同期内发生,核算时可以把安装拆卸和进出场费分摊到租赁期间的各月份中;也可以当期发生,计入当期费用中。

项目发生的租赁建筑机械使用费总计＝租赁费合计＋安装拆卸和进出场费合计

七、建筑机械的选用

建筑施工企业的生产经营活动，需要使用多种建筑施工机械，由于建筑机械种类繁多、型号、规格、工作性能及作业特点均各不相同，需要建筑机械专业人员进行装备策划，以提高企业装备水平，拓展企业发展空间；同时合理设定管理体系，充分发挥机械设备的使用效率，力求降低生产成本，提高企业盈利水平。

（一）施工项目建筑机械选用的依据和原则

1. 建筑机械选用的主要依据

选择建筑机械的主要依据是根据本企业各施工项目的工程特点、施工方法、工程量、施工进度以及经济效益等综合因素来决定。

2. 建筑机械选用的一般原则

随着社会的发展及科技的不断发展，建筑工程施工生产已经跨入了机械化时代，建筑机械化施工不仅提高了工程的施工效率，减轻了施工人员的劳动强度，同时也提高了施工工程质量，达到优质、高效、安全、低耗地完成工程建设任务的目的。选择建筑机械应遵循以下原则：

（1）具有先进性

例如，道路工程采用机械化施工，为提高施工效率，取得良好的经济效益，选取建筑机械时应首先考虑该机械是否具有较好的施工能力、稳定的性能、安全可靠的技术状态，同时要求低故障高效率等，应尽量采用较先进的建筑机械，以取得设备上的技术经济效益。又如高层建筑施工中塔式起重机的选用，既要考虑起重量、工作幅度，还要考虑各机构的运行速度，一些大型塔式起重机，具有先进的配置，优越的性能指标，工作机构稳定，运行速度快，工作效率高，可以加快工程进度，工期得以提前完成。

（2）具备较好的经济性

如在道路工程施工中必须考虑到施工的成本，因此在进行建筑机械选择时应以施工单价作为选择的重要基础，而施工单价与建筑机械的磨损及使用费用密切相关，故而在选择建筑机械时要考虑其抗磨损度及其使用价格，综合考虑工程量、机械损耗之后选取合适的建筑机械，以创造出最大的施工效益。又如在房屋建筑施工中，如要租赁起重设备，需要考虑租金的高低，应在满足施工进度和生产安全的条件下，选择合适的塔式起重机等起重设备，越经济越好。

（3）具有较好的工程适应性

建筑机械的选择必须与工程的特点相符，应以相应建设项目的现场地质及作业内容为主要依据，以适应工程现场周围的环境、施工特点、运距、高度及工程要求为标准，同时也要考虑建筑机械自身的工作能力、性能指标、施工效率等，避免出现建筑机械的施工能力无法满足工程的现象。例如，有些单位为了节省机械费，20多层的高层建筑选择QTZ40塔式起重机，由于小型塔式起重机自身的特点，附墙距离很近，需要频繁的顶升锚固，影响工期，另外，起升速度慢，效率低下，起重量小，起吊次数多，虽然月租金便宜，但租期加长，总体费用没有节省。

（4）具有良好的通用性或专用性

在保障工程质量及工程进度的前提条件下，应考虑建筑机械的通用性及专用性，通用性指的是建筑机械具备一机多用的功能，如挖掘装载机，它具备挖掘、装载、运输以及破碎松土等功能，具备通用性的建筑机械扩大了使用范围，优化了工程工序，因而在工程施工中起着重要的作用，但此类建筑机械一般属于小型建筑机械，适用于辅助类的小型工程；专用建筑机械的选择，应根据工程性质、工程质量、工程安全来决定。

（5）具备较高的安全性

施工质量、施工进度及施工安全被称为施工三要素，而施工安全作为整个施工工程的基础必须给予足够的重视，选择建筑机械，必须要衡量该机械是否安全可靠，是否会对工程施工人员及其他建筑机械造成威胁。

（二）建筑机械的购置与租赁

施工企业装备来源除自购以外，还可通过实物租赁方式获取。目前全国建筑机械的租赁市场已经形成，各种建筑机械租赁公司达到几万家，设备拥有量已经占到建筑机械总量的70％左右，很多施工企业对所需要的建筑机械都通过社会租赁来解决。租赁公司向施工企业出租建筑机械，大多数租赁企业负责建筑机械的操作和维修。

1. 购置的条件

较大的施工企业具备一定的资金与人员实力，自己购买建筑机械，用于本单位施工项目使用，施工企业配备操作、维修及机械管理人员，负责建筑机械的管、用、养、修及安装拆卸等全面管理工作。

在建筑机械租赁市场发育不完善，不易租到设备的地区，或建筑工程规模较大，工期较长且施工项目资金富裕，自购大型建筑机械比租赁费用经济划算，且设备利用率较高时；或企业具有能够从事建筑机械管、用、养、修及安全管理方面的人员力量时，应优先选择自购建筑机械方案，具有施工总体成本较低和管理方便等优点。

2. 租赁的条件

在建筑机械租赁市场发育完善、社会设备资源丰富的地区；或当建筑工程规模较小，大型建筑机械利用率偏低，施工企业及项目资金紧张时；或现有建筑机械不能满足施工要求，费用高，不经济，外租设备可以实现项目效益最大化时；或企业建筑机械管理人员素质尚不能满足自有设备管、用、养、修要求时；应优先选择租赁方案，具有经济合理、安全运行、有效管理等优点。

总之，施工企业及项目部应根据工程的特点，结合施工进度的要求，在认真调研的基础上进行对使用的大型建筑机械成本、维修管理、安全使用等方面分析比较，从经济、安全角度出发决策是选择自购大型建筑机械还是承租建筑机械的方案。

3. 建筑机械购置与租赁的比较

(1) 建筑机械购置优点

1) 拥有资产所有权，资产增加，提高企业技术装备水平，增强企业发展后劲；

2) 通过购置装备，配套使用，增强企业的机械化施工能力和市场竞争力；

3) 由于自有设备的使用，不受租赁环境的影响，随用随到，保障工期。

(2) 建筑机械购置缺点

1) 需要投入大量宝贵资金，一次性投入较大，占用资金；

2) 不能保证设备长期高利用率，资金利息损失大；

3) 需要配备管理及维修操作人员，日常管理及维护费用大。

(3) 建筑机械租赁优点

1) 建筑机械品种选择性大，可以通过租赁公司选用性能先进、使用高效、安全的建筑机械；

2) 减少建筑机械购置一次性投资，由于变买为租，使施工企业将固定成本转化为可变成本，减少固定资产的投入，增加资金的流动性，使施工企业在竞争中处于有利的位置；

3) 施工项目由直接管理变为监督管理，避免了琐碎的管理事项，集中精力用于施工生产；

4) 减少维修使用人员的配备和维修费用的支出；建筑机械租金可在所得税前扣除，能享受税费上的利益；

5) 租赁时间长短可以根据工程确定，没有施工任务就不发生建筑机械费用，不占压资金，避免自购建筑机械闲置问题；

6) 选择良好的租赁公司，专业租赁公司可凭借专业人才、技术、设备优势弥补施工企业建筑机械管理中的不足。具有一定规模的租赁公司，在全国各地都有分公司，还可以为施工企业提供全方位的服务。

(4) 建筑机械租赁缺点

1) 租赁期间承租人对租用设备无所有权，只有使用权；

2) 租赁公司作为专业分包，如果建筑机械维修保养及管理跟不上，不仅会影响施工进度，甚至导致安全事故的发生。

　　3）有些建筑机械市场上难以租到，设备选择性小，有些地区没有成熟的租赁市场环境。

　　4）过度依赖租赁建筑机械，存在市场风险。

（三）建筑机械购置基本程序及注意事项

1. 建筑机械的购置申请

　　根据工程需要新增或更新购置设备时，通常是企业机械管理部门办理机械设备购置申请手续，经主管领导审核、报总经理审批后，由机械管理部门负责办理。施工项目需要的大型建筑机械的购置，是由施工项目根据工程施工组织设计的设备配置，提出建筑机械购置申请，公司有关部门办理。施工项目需要的中小型建筑机械，经公司批准后由分公司或施工项目自行购买。对于设备的购置管理，一般公司都制定了严格的规章制度，具体程序按照企业制度执行。

2. 建筑机械购置及注意事项

　　（1）建筑机械购置，重点要研究购置建筑机械的厂家、型号、性能、价格、购置方式等内容。需要对建筑机械的安全可靠性、节能性、生产能力、可维修性、耐用性、配套性、经济性、售后服务及环境等因素进行综合论证，择优选用。对大型关键建筑机械，要对制造企业进行考察，对已经使用该产品的用户进行调查，要充分了解该设备的质量、性能、安全及适应性。

　　对价格和付款方式上，要求价格合理，在企业资金能力条件允许下，尽量分期付款或延长付款周期，以缓解企业一次性付款造成的资金压力。在交货时间上，保证时间，满足生产需要。总之要做到：货比三家，互相竞争，综合比较，择优选购。

　　（2）购置进口建筑机械，除履行论证审批程序，还要委托外贸部门与外商联系，公司机械管理等有关部门及有关领导，应参与进口机械设备的质量、价格、售后服务、安全性及外商资质和信誉度的评估、论证工作和有关谈判工作，最后决定进口建筑机械的型号规格和生产厂家。进口建筑机械所需的易损件或备件，在国内尚无供应渠道或不能替代生产时，应在引进主机的同时，适当地订购部分易损、易耗配件以备急需用。

　　（3）经过选择确定机型和生产厂商后，由建筑机械管路部门和采购部门向生产厂商或供应商办理订购具体事宜，签订订货合同或订货协议。订货合同必须手续完备，填写清楚。合同内容应包括：设备名称、型号规格、生产厂家、注册商标、数量；产品的技术标准、技术要求和必要的质量保证要求以及包装标准。产品的交货单位、交货方法、运输方式、到货地点、安装验收方式、售后服务条款、签订合同单位和接（提）货单位或接（提）货人；交（提）货日期及检验方法；产品的价格、结算方法、结算银行及账号、结算单位；以及双方需要在合同中明确规定的事项，违反合同的处理方法和罚金、赔款金额等等。订货合同经双方签章后就具有法律效力。国内合同条款按《中华人民共和国合同法》和国家有关规定执行。订货合同签订后，要加强合同管理，并派专人及时归类登记。

（四）建筑机械租赁的基本程序及注意事项

1. 租赁建筑机械的选择

在决定通过租赁方式解决施工项目所需建筑机械后进行设备选择。多台同一种建筑机械，可以在一个租赁公司租赁，也可以在多家租赁公司租赁；同一个租赁公司也可以租赁多种设备。设备的选择要求是：名牌厂家产品；新设备或年限较短的设备；同等价格下，尽量选择性能先进的设备。

2. 租赁公司的选择

在建筑机械租赁市场比较完善的地区，租赁公司的选择的余地较大，如何选好租赁公司，对施工生产影响较大。基本条件是：信誉好、服务好、设备好、管理好。要对租赁公司进行调查了解，在众多租赁公司中筛选出几个优质合格的备选公司，列入施工企业设备租赁合格供应方目录中。要组织有关技术及管理人员，去租赁公司考察，了解公司管理情况，通过查、看、聊等方式了解公司的管理情况、员工的精神面貌及企业管理运作水平；了解企业设备及安全管理体系建设情况，是否保证设备运行稳定、安全使用；了解企业服务体系，服务的软硬件设置，是否能够把用户利益放在首位，做到用户满意；了解所要租赁的设备实物，看设备是否维修保养完毕，且设备技术状况良好，能够适用工程使用；进一步商谈租赁价格，了解"物与价、价与服务"是否合理，关于租赁价格，通常是管理好服务好的品牌公司价格较高，但是使用放心可靠；管理较弱的小公司价格较低，设备维保及服务力量薄弱；名牌设备、进口设备租赁价格较高，小厂杂牌设备租赁价格较低。通过综合比较，确定租赁公司。

3. 租赁建筑机械管理要点

（1）设备租赁时项目施工应向公司机械主管部门上报建筑机械租用计划，待批复后，由项目负责实施建筑机械租赁的具体工作。一般大型建筑机械租赁工作由公司机械管理部门负责实施；中小型建筑机械租赁由项目自行实施，项目不能自行解决时，由公司机械管理部门负责协调解决。

（2）各项目部必须建立建筑机械租赁台账、租赁机械结算台账、租赁合同台账；每月上报租赁机械使用报表。

（3）项目应设专人管理，建立良好的建筑机械租赁联系网络，以保证在需要租用建筑机械时，能准时按要求进场。

（4）建筑机械租赁时，要严格执行企业合同管理规定，大型建筑机械租赁合同须报公司主管部门批准后方可生效。

（5）租用单位要及时与出租单位办理租赁结算，杜绝因租赁费用结算而发生法律纠纷。

（6）合同生效后，租用双方应严格遵守合同条款。

4. 租赁合同

租赁合同是出租方和承租方为租赁活动而缔结的具有法律性质的经济契约，用以明确租赁双方的经济责任。承租方根据施工生产计划，按时签订建筑机械租赁合同，出租方按合同要求如期向承租方提供符合要求的机械，保证施工需要。

合同条款应包括机械编号（或建筑起重机械备案编号）、机械名称、规格型号、起止日期、租赁方式、租赁价格、费用结算、双方责任和其他等有关内容。合同由项目经理或公司有关负责人签字、盖章，报公司有关部门备案。合同中涉及主要几个问题如下：

（1）设备情况：包括型号、参数、主要性能、配置等，应在合同中标注清楚。如塔式起重机应注明臂长、高度、起重量等重要使用参数。

（2）租赁方式：应明确是按照台班租赁或日租赁、月租赁、年租赁、工作量等哪一种租赁方式；根据建筑机械的不同情况，采取相应的合同形式：能计算实物工程量的大型机械，可按施工任务签订实物工程量承包合同；一般机械按单位工程工期签订周期租赁合同；长期固定在班组的机械（如木工机械、钢筋、焊接设备等），签订年度一次性租赁合同；临时租用的小型设备（如打夯机、水泵等）可简化租赁手续，以出入库单计算使用台班，作为结算依据。

（3）租赁价格及计租方法：应明确哪一种租赁方式计量租金，目前有日租金、台班租金、月租金、年租金、单位工作量租金等多种租金方式。例如，台班租赁收费办法：以 8 小时为一个台班，不足 4 小时按 0.5 台班取费，超过 4 小时不足 8 小时按一个台班取费，以此类推。

（4）进出场费：大型建筑机械一般包括进出场费、安装拆卸费和辅助设施费等，运费主要根据运输距离决定；安装拆卸费用根据安装拆卸的高度、复杂程度决定；小型设备机具运费一般由承租单位担负，项目自己安装。

（5）租金结算及支付方式：应明确、清晰，避免为此发生纠纷。一般每月做结算单，按合同约定的时间支付。

（6）操作和维修：首先确定操作人员由哪一方派出，工资等由谁支付，人数，每天工作时间。设备维修由哪一方负责，约定最长故障维修时间，因设备故障停机时间而发生的违约条款。

（7）计停租时间：包括计租时间、停租时间、停滞时间等明确具体方式。

（8）违约条款：明确违约责任、赔偿标准等，若任何一方违反条款，所造成的经济损失由违约方负责。

（9）其他：如设备及附件交接方式。

目前一些省市建设主管部门都已经编制了统一的标准租赁合同格式，并与当地工商部门联合下发，可以按照标准合同格式签订。某市的"建筑施工机械租赁合同（合同示范文本）"见附件。

5. 建筑机械租赁注意事项

（1）施工企业要有设备专业技术及管理人员，随时了解掌握设备租赁市场情况，包括价格走势、企业信用、服务口碑、设备装备等有关情况。

（2）查看租赁公司的租赁资格。对有特殊要求的设备，在租赁设备时要查看其是否取得国家相关部门的经营许可证书。

（3）一旦选择比较满意的设备租赁公司，应建立长期的合作关系，彼此互相了解，便于随时调用设备，使租赁公司成为你的长期设备供应商，共同为施工服务。

（4）不要过于追求低价租金，价格过于低，服务难以保证，不但影响设备正常使用，进而影响工期，还有可能发生安全事故，给施工企业带来极大的损失和不良影响，到最后租赁费用总额反而增大。

（5）承租的施工单位要端正租赁态度，搞好合作，应当把租赁公司当成企业的合作伙伴，而不是低人一等的配套公司，要平等相处，互相配合，安全、顺利地完成施工生产工作。

（6）承租的施工单位要遵守租赁合同条款，按时支付租金。很多承租方不按时支付租赁，给租赁单位带来很大的资金压力，由此产生很多矛盾，进而影响服务质量。

八、建筑机械的合理配置

建筑机械的施工配置一般在施工组织设计中有专项内容，其选配方案是根据工程特点、施工条件、施工方法和工期要求确定。

（一）建筑机械的合理配置

1. 合理配置建筑机械的目的

合理运用建筑机械，是为了达到提高机械作业的生产率，降低机械运转费用，延长机械使用寿命和达到项目施工安全、质量、进度目标。在组织机械化施工时，根据现场条件，配置项目各阶段的机械组合，这样可以确定项目各阶段的机械管理任务及目标。

2. 选择建筑机械的依据

建筑机械的选择应与工程的具体实际相适应，所选机械是在具体的、特定的环境条件下作业，这些环境条件包括地理气候条件、作业现场条件、作业对象等。合理选择建筑机械的依据是：施工进度计划、施工质量要求、施工条件、工程量、机械的技术状况和机械的供应情况等。建筑机械的技术状况参数主要是：机械的容量、功能、工作半径、速度、生产率、安装及运输尺寸、质量、功率等。

（二）典型工程建筑机械配置

1. 公路工程建筑机械配置

公路工程施工主要使用推土机、装载机、挖掘机、铲运机、平地机、压路机、凿岩机以及石料破碎和筛分设备，根据工程的作业要求和不同的施工方法，选择适宜的建筑机械设备。

（1）路基工程主要建筑机械的配置

1）对于清基和料场准备等路基施工前的准备工作，选择的建筑机械主要有：推土机、挖掘机、装载机和平地机等；

2）对于土方开挖工程，选择的建筑机械主要有：推土机、铲运机、挖掘机、装载机和自卸汽车等；

3）对于石方开挖工程，选择的建筑机械设备主要有：挖掘机、推土机、移动式空气压缩机、凿岩机、爆破设备等；

4）对于土石填筑工程，选择的建筑机械设备主要有：推土机、铲运机、羊足碾、压路机、洒水车、平地机和自卸汽车等；

5）对于路基整形工程，选择的机械主要有：平地机、推土机和挖掘机等。

（2）路面基层施工主要建筑机械的配置

1）基层材料的拌合设备：集中拌和（厂拌）采用成套的稳定土拌和设备，现场拌和（路拌）采用稳定土拌和机；

2）摊铺平整机械：包括拌和料摊铺机、平地机、石屑或场料撒布车；

3）装运机械：装载机和运输车辆；

4）压实设备：压路机；

5）清除设备和养护设备：清除车、洒水车。

（3）沥青路面施工主要建筑机械的配置

1）混凝土搅拌设备的配置：一般生产能力要相当于摊铺能力的70%左右，高等级公路一般选用生产量高的强制式沥青混凝土搅拌设备；

2）沥青混凝土摊铺机的配置：通常每台摊铺机的摊铺宽度不宜超过7.5m，可以按照摊铺宽度确定摊铺机的台数；

3）沥青路面压实机械配置：沥青路面压实的压路机有光轮压路机、轮胎压路机和振动压路机。

（4）水泥混凝土路面施工主要建筑机械的配置

按工序配置主要有：混凝土搅拌站、装载机、运输车、布料机、挖掘机、吊车、滑模摊铺机、整平机、拉毛养护机、切缝机、洒水车等。

1）滑模式摊铺施工

① 水泥混凝土搅拌楼容量应满足滑模摊铺机施工速度1m/min的要求；

② 高等级公路施工宜选配宽度为7.5～12.5m的大型滑模摊铺机；

③ 远距离运输宜选混凝土运送车；

④ 可配备一台轮式挖掘机辅助布料。

2）轨道式摊铺施工

除水泥混凝土生产和运输设备外，还要配备卸料机、摊铺机、振动机、整平机、拉毛养护机等。

（5）桥梁工程施工主要建筑机械的配置

1）通用施工机械：常用的有各类吊车，各类运输车辆和自卸车等。

2）桥梁混凝土生产与运输机械：主要有混凝土搅拌站、混凝土运送车、混凝土泵和混凝土泵车。

3）下部施工机械：

① 预制桩施工机械：常用的有蒸汽打桩机、液压打桩机、振动沉拔桩机、静压沉桩机等。

② 灌注桩施工机械：根据施工方法的不同配置不同的施工机械。

4）上部施工机械：

① 悬臂施工方法：主要施工设备有吊车、悬挂用专门设计的挂篮设备；

② 预制吊装施工方法：主要施工设备有各类起重机或卷扬机、万能杆件、贝雷架等；

③ 满堂支架现浇法：主要施工设备有各类万能杆件、贝雷架和各类轻型钢管支架等。

2. 高层建筑施工机械配置

高层建筑施工包括基础施工、结构施工、装修施工等，由于高层施工结构体系决定，大量建筑材料需要垂直运输，由此可见施工垂直运输机械设备最为重要。

（1）垂直运输机械的种类

1）垂直运输机械有塔式起重机、施工升降机。

塔式起重机按构造可分为自升式塔式起重机、内爬式塔式起重机等。

施工升降机包括人货两用施工升降机和货运施工升降机。

2）混凝土输送机械有混凝土泵、混凝土运送车、混凝土布料机等。

混凝土泵按机动性分为臂架式、汽车式、拖式泵。

混凝土运送车分为 6 立方、8 立方、10 立方。

混凝土布料机分为固定式（内爬式）、移动式（简易式），按照布料杆移动方式分为液压式、机械式、手动式。

（2）垂直运输机械的选配

塔式起重机选择要考虑建筑物的外形和平面布置、建筑层数和建筑总高度、建筑工程量、施工工期以及周围施工条件。单体工程小的高层建筑配用一台塔式起重机；而体型庞大复杂的则需配制两台或多台塔式起重机。在满足参数要求和台数需要的前提下，应优先选用造价低、台班费用便宜、生产效率高的塔式起重机。

利用混凝土泵进行混凝土浇筑，要根据工程特点、工期要求和施工条件，正确选择混凝土泵的种类。臂架泵又叫混凝土泵车，臂架展开后，浇筑范围大，可直接将混凝土浇筑到指定部位，施工方便，排量大、效率高，随着我国混凝土泵车的快速发展，臂架越来越长，泵送高度越来越高，但不能满足超高层建筑施工的需要。

混凝土拖式泵，适合于高层及超高层建筑混凝土浇筑，但需要布置输送管，泵送后还要对输送管清洗，需要人力较多，对输送管布置需要进行设计和安装，合理组织施工，取得较好的施工效益。

（3）垂直运输机械组合

常用高层建筑施工起重运输体系组合情况：

塔式起重机＋施工电梯

塔式起重机＋施工电梯＋混凝土泵车

塔式起重机＋施工电梯＋拖式混凝土泵

塔式起重机＋快速物料提升机＋施工电梯＋拖式混凝土泵

上述各起重运输体系组合，在一定条件下技术方面皆能满足高层建筑施工过程中运输的需要，但在进行选择时应全面考虑以下几方面：

1）运输能力要能满足规定工期的要求

高层建筑施工的工期在很大程度上取决于垂直运输的速度，如一个标准层的施工工期确定后，则需选择合适的机械、配备足够的数量以满足要求；

2）机械费用低

高层建筑施工因用的机械较多所以机械费用较高，在选择机械类型和配备时，应力求降低机械费用；

3）综合经济效益好

机械费用的高低虽然不能绝对地反映经济效益，机械化程度高，机械费用必然增加，但可以加快施工速度和降低劳动消耗。因此对于机械的选用和其配套要考虑综合经济效益，要全面地进行技术经济比较。

（三）建筑机械的优化

建筑机械的优化是在已确定主要建筑的基础上，依据施工组织中的分区、分部目标，人力、材料物资等的供应情况，综合考虑成本，选择一种技术可行、安全保障、经济合理的机械设备配置方案；确定主要建筑机械的位置及附属设施的位置，完善现场平立面布置；并按项目各阶段目标要求，确定所有建筑单机型号、数量、进出场时间等详细情况计划。

1. 优化的基本原则

建筑机械选择应考虑实际工程量、施工条件、技术力量、配置动力与生产能力等因素；配置要力求少而精，做到生产上适用、安全可靠、设备状况稳定、经济合理、能满足施工要求；要充分考虑设备的生产率、可靠性、维修性、节能性、成套性、安全性和环境性等。设备应选择整机性能好、效率高、故障率低、维修方便、互换性强的设备。如选择国产或国外设备时，要充分考虑设备的维修、售后服务等后期服务，以免因维修或配件问题影响生产进度。

2. 优化注意事项

（1）在建筑机械的优化过程中，除了考虑本项目施工需求外，还应考虑周边环境因素。如在居民区附近，应选择噪声小、便于噪声控制的设备；如在建筑群中，还应考虑场地是否满足设备的安装、使用、拆除等问题。

（2）依据项目总体目标要求，工程量、工作环境等，编制项目建筑机械需用总计划，并按施工进度编制季度、月度建筑机械需用计划。建筑机械需用计划应包括机械名称、规格型号、数量、进场及退场时间，并能认真组织实施，做好施工设备总量、进度控制。

（3）最终建筑机械配置优化完成形成项目建筑机械总体需用计划表。

九、建筑机械使用管理

为了保证施工生产安全和施工进度的快速高效完成，机械设备的正常运行、高效运转、有序运行是一个关键的因素，为此施工项目需要建立有效的建筑机械管理体系。

（一）施工项目机械管理机构及人员

施工项目要根据本身需求、工作量等建立机械管理体系。在施工项目设立机械管理机构，配备专业机械管理人员，制定有关管理制度，协调相应人员，做好建筑机械就位、任务实施、运行保障、安全管理等工作。

1. 机械员的工作职责

施工现场机械管理机构由各单位或项目根据自身需要来设定，较大的施工项目会设置机械部，配置多名机械管理人员，分工负责施工项目的机械管理工作。专职机械管理人员的数量，由施工项目的规模和管理模式决定。机械员的主要工作职责是：

（1）机械管理计划

参与制定建筑机械使用计划，负责制定维护保养计划；参与制定建筑机械管理制度。

（2）建筑机械前期准备

参与施工总平面布置及建筑机械的采购或租赁；参与审查特种设备安装、拆卸单位资质和安全事故应急救援预案、专项施工方案；参与特种设备安装、拆卸的安全管理和监督检查；参与建筑施工机械的检查验收和安全技术交底，负责特种设备使用备案、登记。

（3）建筑机械安全使用

参与组织建筑机械设备操作人员的教育培训和资格证书查验，建立建筑机械特种作业人员档案；负责监督检查建筑机械的使用和维护保养，检查特种设备安全使用状况；负责落实建筑机械安全防护和环境保护措施；参与建筑机械设备事故调查、分析和处理。

（4）建筑机械成本核算

参与建筑机械设备定额的编制，负责建筑机械台账的建立；负责建筑机械设备常规维护保养支出的统计、核算、报批；参与建筑机械租赁结算。

（5）建筑机械资料管理

负责编制建筑机械安全、技术管理资料；负责汇总、整理、移交建筑机械资料。

2. 机械员应具备的能力

（1）了解国家相关法律法规，能贯彻执行国家和上级有关机械管理的方针、政策和法规。

（2）熟悉建筑机械使用原则，能拟定机械管理制度和工作程序，指导维修作业人员。

（3）掌握建筑机械基本知识，能设计机械管理相关表格，并进行收集、整理、分析相关信息。

（4）了解建筑施工基本流程，合理调配建筑机械使用。

3. 建筑机械维修人员

施工现场应该配备维修班组，自有设备的，项目应根据设备特点配备专业维修人员，便于对设备及时维修。特别是高大难深工程、重点工程、大型设备、关键施工部位节点等情况，必须有专业的设备维修力量，维修人员包括机械、电气、液压及电子等维修专业，做好日常维保、修理和应急抢险工作，确保设备及施工安全。

维修人员经过专门的理论学习和实际维修技能训练，能够胜任设备的维修工作。由于施工单位不同、设备种类不同、技术工种不同，一般综合性的施工机械公司或租赁公司，其维修人员是按照专业设置的，小规模的施工项目或租赁公司则需要机电一体化的、具有综合专业技能的维修人员。

维修人员的基本要求是：熟悉建筑机械构造和工作原理，掌握建筑机械维修技术标准和工艺规程，掌握建筑机械维修过程中的零件、总成及整车维修质量检验；对故障机械进行技术鉴定，判断故障部位及原因。

4. 建筑机械操作人员

建筑机械操作人员特殊工种作业人员应持建设主管部门颁发的有效证件，持证上岗；其他机械操作人员也应经培训考核后上岗，并建立建筑机械操作人员花名册。对操作人员的基本要求是：

（1）做到"四懂"、"四会"

一名合格的建筑机械操作人员，应该专研技术，掌握技能，成为高水平的"蓝领"，也是设备高效使用和安全运转的基础，所以建筑机械操作人员要努力做到"四懂"（懂原理、懂构造、懂性能、懂用途）、"四会"（会使用、会保养、会检查、会排除故障），其中"四懂"是操作人员的基础，通过"四懂"达到"四会"的目的。

会使用：熟悉建筑机械结构，掌握建筑机械的技术性能和操作方法，并熟悉操作规程，正确使用，不超负荷使用设备。随时观察，发现异常要立即查明原因，采取措施并掌握事故的紧急处理方法。

会保养：熟悉建筑机械润滑的部位和方法，掌握建筑机械润滑的油质、油量、换油周期；按规定做好建筑机械的润滑和冷却；设备清洁，无锈蚀、不漏油、不漏水、不漏电；控制系统灵敏可靠；保证建筑机械部件（附件）及安全防护装置完整有效。

会检查：熟悉建筑机械检查的注意事项、基本知识、精度标准、检查项目；能熟练应用仪表、仪器、量具、工具。

会排除故障：在熟悉建筑机械性能原理、构造、零部件组合情况的基础上，能鉴别建筑机械的异常声响和异常情况，及时判断异常部位和原因，并能排除一般故障；在建筑机械一旦发生故障或事故时，能应急处理，防止事故扩大，及时报告有关部门检查、分析原因，并采取相应措施。

（2）执行"十字"作业方针

传统的机械管理理念中，生产部门使用设备，设备部门保养设备，设备使用者只管操作而不管设备维护。现代设备管理要求的是全员参加的设备管理维修体制，机械操作者应以"我的设备我维护"的理念投入工作中，坚持对设备进行检查保养，执行"十字"作业，即清洁、调整、润滑、紧固、防腐，可以延续设备的使用寿命，排除安全隐患。

机械操作人员通过学习设备的基本知识，能进行正确的操作，减少故障、事故；

机械操作人员掌握日常检查和保养技能，能够早期发现异常，事前防止故障、事故发生；

通过日常的清洁、清理、润滑，能够提高异常的发现、修复、改善技能，以降低设备故障率，达到设备利用的极限化。

5. 操作人员培训

（1）培训计划的编制

为了提高建筑机械相关人员的安全意识、技能水平，以及自身发展需要，施工项目应根据项目施工特点、设备种类，组织对机械管理、维修、操作机相关人员进行培训，编制培训计划，培训计划应明确培训目的、培训性质、培训内容、参加人员等。培训内容应包括管理制度、专业性的知识、操作技能、安全技术等。

（2）培训的实施

针对建筑机械操作人员的培训，可以采用外部培训和内部培训两种方式，主要有以下几种：

1）外部培训：这种形式是许多单位常用的，如聘请职业技能培训学校的老师对特种作业人员进行培训。培训老师经验丰富，专业性强，能把握特种作业人员的心理，有利于相互沟通，能有效提高操作水平。

2）内部培训：目前，很多单位都注重内部培训讲师的培养。培训专家较了解本单位实际情况，可以进行事故通报、案例分析，可针对某一现象做具体培训。同时还能把企业的相关要求进行穿插讲解，取得很好的培训效果。

3）技能竞赛：通过技能竞赛，可以在员工中形成比学赶超的良好氛围，带动员工学习的积极性，同时，也是日常繁重工作放松的一种方式。

（二）建筑机械使用管理基本制度

建筑机械使用管理的基本制度有："三定"责任制度，持证上岗制度，交接班制度，检查制度等。

1. "三定"责任制度

定人、定机、定岗位责任，简称"三定"制度，它是把建筑机械和操作人员相对固定下来，使建筑机械的使用、维护和保管的每个环节、每项要求都落实到具体人员，既责任明确，又有利于增强操作人员爱护机械的责任感。对保持机况良好，促使操作人员熟悉建筑机械特性，熟练掌握操作技术，正确使用维护，防止事故发生等都具有决定性作用。并有利于开展经济核算和评比考核以及落实奖惩制度，因此，"三定"制度是做好建筑机械使用管理的基础。

（1）"三定"制度的形式

大型建筑机械应交给以机长负责的机组人员，中小型建筑机械应交由以班组长负责的全组人员。"人机固定"应贯穿在建筑机械的整个使用过程中，由机长（班组长）负责保管、操作使用、安全生产、保养、日检等工作，这样不仅可以提高操作人员的责任心，还可以根据机械的好坏作为评定司机技术好坏的条件。根据建筑机械类型的不同，定人定机有下列三种形式：

1）单人操作的机械，实行专人负责制，其操作人员承担机长职责。

2）多班作业或多人操作的建筑机械，均应组成机组，实行机组负责制，其机组长即为机长。

3）班组共同使用的机械以及一些不宜固定操作人员的设备，应指定专人或小组负责保管和保养，限定具有操作资格的人员进行操作，实行班组长领导下的分工负责制。

（2）"三定"制度的管理

1）机械操作人员的配备，应由设备产权单位选定派出，人员名单应报项目机械管理部门备案，其中大型设备确定一名机长，负责本台机械设备的有关管理事宜；中小型设备，确定一名机械班组长。

2）机长或机械班组长确定后，并应保持相对稳定，不要轻易更换。

3）企业内部调动机械时，大型建筑机械原则上做到人随机调，重点建筑机械则必须人随机调。

（3）岗位责任

建立健全建筑机械操作人员的岗位责任制是管好、用好建筑机械的必要条件。岗位责任制应明确操作人员内部分工，机组长的职责和职权，机组人员的职责和任务，机组人员必须遵守和执行机械操作规程及有关制度与规定，对设备操作、生产安全、机务工作、使用管理、统计考核以及保养工作等负有直接的责任。

1）操作人员岗位职责

① 努力钻研技术，熟悉本机的构造原理、技术性能、安全操作规程及保养规程等，达到本等级应知应会的要求。

② 正确操作和使用建筑机械，发挥建筑机械效能，完成各项定额指标，保证安全生产、降低各项消耗。对违反操作规程可能引起危险的指挥，有权拒绝并立即报告。

③ 精心保管和保养机械，做好日常保养和检查，使机械经常处于整齐清洁、润滑良好、调整适当、紧固件无松动等良好技术状态。保持机械附属装置、备品附件、随机工具等完好无损。

④ 及时正确填写各项原始记录和统计报表。

⑤ 认真执行岗位责任制及各项管理制度。

2）机长或机械班组长岗位职责

机长或机械班组长是不脱产的操作人员，除履行操作人员职责外，还应做到：

① 组织并督促检查全组人员对建筑机械的正确使用、保养和保管，保证完成施工生产任务。

② 检查并汇总各项原始记录及报表，及时准确上报。组织机组人员进行单机核算。

③ 组织并检查交接班制度执行情况。

④ 组织本机组人员的技术业务学习，并对他们的技术考核提出意见。

⑤ 组织好本机组内部及兄弟机组之间的团结协作和竞赛。

2. 持证上岗制度

为避免建筑机械损坏和机械事故的发生，保障机械的合理使用，安全运转，必须严格执行上岗制度，其操作人员必须经过培训，考试合格，取得操作证方可操作机械。

操作人员的培训认定由相应部门实施，主要分为特种作业人员与非特种作业人员。国家安全生产监督管理总局第 30 号令《特种作业人员安全技术培训考核管理规定》，称特种作业，是指容易发生事故，对操作者本人、他人的安全健康及设备、设施的安全可能造成重大危害的作业。

（1）特种作业人员

特种作业人员，是指直接从事特种作业的从业人员。建筑起重机械特种作业人员由建设系统负责培训、考核。特种作业工种主要包括：建筑起重信号司索工；建筑起重机械司机，包括塔式起重机司机、施工升降机司机、物料提升机司机；建筑起重机械安装拆卸工，包括：塔式起重机安装拆卸工、施工升降机安装拆卸工、物料提升机安装拆卸工；高处作业吊篮安装拆卸工；建筑电工。

由其他部门培训、考核的特种作业工种主要包括：电气焊工；流动式起重机司机等。

（2）非特种作业人员

很多施工企业的大型建筑机械操作人员，虽然不属于国家统一培训的特种作业，也需要持证上岗，如卷扬机、搅拌机、挖掘机、推土机、压路机、平地机、旋挖机、地下连续墙抓斗机等操作人员，都要经过培训考核合格后上岗，有些省市利用专业协会培训，或大的企业集团培训，或省市建设主管部门培训考核并发证。

操作人员应持证上岗，并随时接受检查。如操作人员违反操作规程或有关规章制度而造成事故，除按情节进行处理外，并对操作证实行暂时收回或长期撤销的处分。

操作证每年组织一次审验，审验内容是操作人员的健康状况和奖惩、事故等记录，审验结果填入操作证有关记事栏。未经审验或审验不合格者，不得继续操作机械。

3. 交接班制度

为使建筑机械在多班作业或多人轮流操作时，能相互了解设备状况，明确任务，分清责任，防止机械损坏和附件丢失，保证施工生产的连续进行，建立交接班制度。

建筑机械交接班时，交接双方都要全面检查，做到不漏项目，交接清楚，由交班方负责填写交接班记录，接班方核对无误签收后交班方才能下班。如双班作业晚班和早班人员不能见面时，仍应以交接班记录双方签字为凭。交接班的内容如下：

（1）交清本班任务完成情况、工作面情况及其他有关注意事项或要求。

（2）交清机械运转及使用情况，重点介绍有无异常情况及处理经过。

（3）交清机械保养情况及存在问题。

（4）交清机械随机工具、附件等情况。

（5）填好本班各项原始记录。

交接班记录簿由机械管理部门于月末更换，收回的记录簿是机械使用中的原始记录，应保存备查。机械管理人员应经常检查交接班记录的填写情况，并作为操作人员日常考核依据之一。

4. 建筑机械检查制度

对建筑机械进行使用检查，及时排除安全隐患，是保证机械、正常运行的管理活动之一。施工企业应制定设备检查制度，明确检查周期、检查活动组织部门、负责人、检查人员、检查标准、问题的处理等内容，通过检查，发现问题、排查隐患、找出规律性，以利于完善和提高企业设备管理水平。施工项目应贯彻公司的检查制度，根据项目具体情况，制定具体的实施办法。

施工项目建筑机械检查通常包括：日常检查，定期检查，专项检查。既要对建筑机械本身进行检查，又要有相关管理行为的检查，作为建筑机械管理员要会安排相关的检查及填写检查表格。

（1）日常检查

日常检查也称日常巡查，是机械员现场管理的重要内容之一，通过日常检查，了解设备使用状况，掌握设备性能，监督操作规程的执行，发现事故隐患，改进管理方法。

检查过程中应有记录，对存在的问题，下发整改通知书，相关单位和人员应对问题项目立即整改，合格后以书面形式填写整改回复单。

对拒不改正者而又造成事故的单位和个人，除按事故处理外，还应视事故损失情况给予罚款和处分；对不合格的操作人员及时更换。

（2）定期检查

定期检查是机械管理员组织有关人员开展的设备检查活动，检查周期分为周检查或月检查，检查时按照 JGJ 160—2008《施工现场机械设备检查技术规程》和 JGJ 59—2011《建筑施工安全检查标准》要求，填写检查表格，评比打分，排出名次，张榜公布。采取表彰和处罚相结合的办法，可以引导施工机械维修及操作人员爱岗爱设备，提高做好设备保养和安全使用的热情。

（3）专项检查

这里所讲的专项检查是施工项目对发生以下情况后进行的特殊检查，主要包括：

1）冬闲过后重新开工的设备检查，暴风雨雪等极端天气过后对设备状况的检查，地震等地质灾害后的检查。

2）对改造或局部修理后的设备，如：增加额定能力、更换机构、改变控制位置、更换供电、改变承载结构设计、在承载结构上进行焊接、控制系统改造或升级和载荷有关的使用条件改变的设备，应进行专项检查。

3）节假日及某些特殊情况进行的检查。

（三）建筑机械的使用性能确认

1. 建筑机械的技术安全试验

凡新购、租赁机械或经过大修、改装、改造，重新安装的机械，在使用前必须进行检查、鉴定和试运转（统称安全技术试验），以测定机械的各项技术性能和工作性能。未经技术试验或虽经试验尚未取得合格签证前，不得投入使用。

（1）安全技术试验的程序

安全技术试验程序分为：试验前检查、无负荷试验、额定负荷试验、超负荷试验。试验必须按顺序进行，在上一步试验未经确认合格前，不得进行下一步试验。

1）试验前检查。机械的完整情况；外部结构装置的装配质量和工作可靠性；连接部位的紧固程度；润滑部位、液压系统的油质、油量以及电气系统的状况等，是否具备进行试验的条件。

2）无负荷试验。试验目的是熟悉操作要领，观察机械运转状况；试验起动性、操纵和控制性，必要时进行调整。各项操纵的动作均须按使用说明书要求进行。

3）负荷试验。试验是在机械不同负荷下进行，目的是对建筑机械的动力性、经济性、安全性以及仪表信号和工作性能等作全面实际的检验，以考核是否达到建筑机械正常使用的技术要求。负荷试验要按规定的轻负荷、额定负荷和超负荷循序进行。如果需要进行超负荷试验时，要有相应的计算依据和安全措施。

（2）安全技术试验的要求

1）技术试验的内容和具体项目要求，除原厂有特殊规定的试验要求外，应参照现行的《建筑机械技术试验规程》中的有关章节条文进行。

2）试验后要对试验过程中发生的情况或问题，进行认真的分析和处理，以便作出是否合格和能否交付使用的决定。

3）试验合格后，应按照《技术试验记录表》所列项目逐项填写，由参加试验人员共同签字，并经单位技术负责人审查签证。技术试验记录表一式两份，一份交使用单位，一份归存技术档案。

（3）技术试验必须注意的事项

1）参加试验人员，必须熟悉所试验建筑机械的有关资料和了解机械的技术性能。新型建筑机械和进口建筑机械的试验操作人员，必须掌握操作技术和使用要领。对技术性能较复杂和价值较高的重点机械，应制订试验专项方案，并在单位技术负责人指导和监督下进行。

2）应选择适合试验要求的道路、坡道、场地或符合试验要求的施工现场进行试验。

3）新建筑机械应先清除各部防腐剂和沉积杂物；重新安装的建筑机械应做好清洁、润滑、调整和紧固工作，以保证试验的正确性。

4）在试验过程中，如发现不正常现象或严重缺陷时，应立即停止试验，待排除故障后再继续试验。

5）进口建筑机械应按合同具体规定进行试验。

2. 建筑机械的验收

（1）新购建筑机械的验收

1）验收时建筑机械管理人员和设备购置部门的人员同时参加，设备购置部门的人员负责验收建筑机械的规格、型号、数量是否与合同相符，管理部门负责验收技术资料。

2）验收时，验收人员填写《固定资产验收单》，作为建立固定资产的依据。

3）验收完毕，验收人员在验收单签字，向使用单位办理交接手续后，方可投入使用，未验收和未办理交接手续的设备不能投入使用。

4）验收不合格的建筑机械，由供需双方起草验收备忘录，双方签字确认，事后由购置部门按合同向供货方索赔或退货，问题解决后方可继续验收。

5）国外引进建筑机械的验收应注意以下事项：

① 接运部门会同国家商检部门开箱验收，确认是否符合合同规定的数量、规格和要求；

② 引进建筑机械质量验收时，应请国外生产厂家派人参加验收，调试合格后签字确认；

③ 建筑机械本身性能的试验，除运转检查外，主要技术数据要通过仪器、仪表检测；

④ 引进设备生产成品的试验，同样要求通过仪器、仪表测定各种数据是否符合规范的要求；

⑤ 调试验收后，验收情况报上级部门备案；

⑥ 依据合同核定发票、运单，检查样品、规格和数量是否相符。如发现问题，应立即向承运单位及生产厂家提出质问、索赔或拒付货款及运费；

⑦ 开箱后依据装箱单、说明书、合格证等所写物品的种类、规格、数量及外观的质量进行检查，发现问题应向厂家提出索赔。

（2）租赁建筑机械的进场验收

对于进入施工现场的建筑机械，不论来源是企业内部租赁的、还是外部租赁的（包括分包单位租赁的）、分包单位自带的必须要纳入施工项目安全管理范畴，并实施监督管理。

1）验收时施工项目机械管理人员和租赁业务部门的人员共同参加接收工作，交接过程做好记录，双方签字确认。

2）验收建筑机械的规格、型号、数量及有关附件是否与合同相符，建筑起重机械要注意查验备案证书、合格证号是否与合同及设备实物相符。

3）查验建筑机械完好状况，要求各机构、部件、结构件、安全保护装置、仪器仪表、钢丝绳等完好、齐全、灵敏、有效。机械、电气安全性能、安全保护装置符合国家有关规范和标准要求，附件、随机工具及备件齐全。

4）检查建筑机械是否属于国家明文规定淘汰的、禁止使用的、危及生产安全的、达不到安全技术标准规定的或安全保护装置配备不齐全的建筑机械和施工机具。

5）施工项目机械管理员、安全管理员以及监理人员还要共同对进场设备进行联合验收，填写《进场验收表》，发现问题及时解决，确保进场建筑机械的安全、可靠、适用。同时施工项目要做好进场建筑机械台账，以便进行有效的管理。

（四）建筑机械正确合理使用

建筑机械的正确合理有效的运行是建筑机械使用管理的目的，随着科技的进步，建筑机械的技术含量也越来越高，对操作人员的操作技能和维修人员的修理水平及机械管理员的要求也越来越高。

1. 不合理使用的现象

（1）违章操作

操作人员素质低，对操作规程缺乏了解；很多新司机操作不熟练；还有部分司机为了图省事，不按规程操作，超载使用。例如，有的塔式起重机的越档操作、突然刹车、急打回转；有的汽车式起重机司机斜拉斜拽，没有严格执行"十不吊"。还有很多司机，一人承包塔式起重机的操作，在连续加班操作的情况下，疲劳驾驶。

（2）违章指挥

有些施工现场管理人员，重使用、轻管理，特别是恶劣天气下仍强行使用。如塔式起重机，大于六级风时应该停止使用，但为了抢进度，不顾塔式起重机司机的警示，继续要求使用，特别是租赁的建筑机械，用克扣租金等手段，要求租赁公司的塔式起重机违章使用。

（3）无证操作、无证指挥

很多施工项目对特种作业人员司机证书缺乏有效的监督管理，很多上报证书的司机和实际操作的司机不符，很多工地司机频繁跳槽后，工地为了干活，临时找人开机，形成无证操作。特别是施工现场的信号指挥，人员配备不足，经常处于非专业人员指挥，为安全使用埋下隐患。还有很多非特种操作的设备司机，未经过专业培训考核就上岗操作。

（4）重使用、轻维修

施工现场不少施工人员与指挥人员只一味地追求施工进度，对设备只注重使用，轻保养，特别是某些高层施工用塔吊，担负整个建筑的垂直运输，一旦停机，整个施工队伍特别是承包制的施工人员意见非常大，这就造成了操作人员为了完成施工，被迫继续操作，甚至没有时间对所操作的机械设备进行保养，如此一来忽视建筑机械的保养，使其长期带病运转，等到出现故障无法运行再进行修理，既给使用中带来安全隐患，还会加大维修工作量，反而影响工期，维修费用加大。

（5）失修失养

很多工地对建筑机械维修保养管理不严，对司机的日常保养不进行监督，操作人员责任心不强，只管操作不做保养，是建筑机械长期处于失修失养的状态，最后导致故障频发，影响正常使用，还会加大机械磨损，增加维修成本。有的施工现场不配备修理工，有的租赁公司没有维修能力，机械损坏，临时找人修理，维修质量难以保障。

（6）建筑机械配置不合理

例如某公路施工项目，选择的建筑机械与工程项目的施工条件和作业内容不相适应；很多公路施工项目建筑机械与公路建设项目的工程量不相适应或者工程进度与建筑机械的工作容量不相适应。如：海拔高的地区，空气稀薄，选用的低海拔的普通的公路施工设备；施工量小时却选择了大型的建筑机械；工程量大的、要求建设进度快的建设项目却选择了小型的路面建设机械。从而影响了工程的工期进度。

2. 合理使用的管理要点

（1）加强使用监督，杜绝违章操作

施工现场的设备管理人员和安全管理人员，是一线监督管理人员，要有高度的责任心，严格监督设备的使用和维修，时刻关注设备、人员、使用的状况和变化，做好日常检查巡查，严格禁止违章操作。

（2）正确使用，及时保养

在机械保养工作方面，施工单位应严格要求机械操作人员按标准、规范要求做好设备每天开机前、作业中和停机后的"一日三查"的例行保养工作，发现问题和隐患及时予以排除，严禁带病运转。针对设备运转周期，控制设备一、二级维护，落实专业机修人员到施工现场按工艺流程规范维护，专业检验人员验收质量，保证设备现场维护质量。

（3）严格执行操作规程，任何人员不得命令操作人员违章作业，对违反规定的指挥，操作人员有权拒绝执行，施工现场管理人员要给予支持和表扬。

（4）持证上岗、执行三定制度

严格人员持证操作，对作业人员及指挥人员要登记建档，严格人员变更、上岗审查，杜绝无证操作现象。发挥机长及班组长作用，落实岗位责任，保持人员相对稳定。

（5）合理安排作业时间

对于多班作业的建筑机械，要配备足够的操作人员和指挥人员，做到劳逸结合，严禁疲劳操作。要做好运行记录和交接班记录，按时维护保养。

（6）强化维护保养，做好润滑管理

建筑机械的润滑管理是保养的重要工作，要坚持建筑机械检查，保证运行部件、部位的润滑，可以极大地减少设备磨损，降低故障率，延长设备使用寿命。润滑事情虽小，作用十分重要。

（7）加强检查、预防修理

加强建筑机械维修人员的专业检查力度，掌握设备技术状况，提前预知故障，及时更换零部件，把事后修理改为事前预防。

（8）合理调配，高效调度，有机组合

优化施工方案，依据工程量大小、工期决定设备的规格、型号、数量以及进出场时间，以达到工程进度与建筑机械使用的协调一致与有效控制，以保证施工顺利进行，同时避免浪费，降低施工成本。

优化建筑机械配套，解决好建筑机械组列内部的合理配套关系：以建筑机械组列中主要建筑机械为基准，其他配套建筑机械以确保主要建筑机械充分发挥效率为选配标准；以建筑机械组列数量最小化为原则，尽可能选用一些综合型建筑机械，以减少配套环节，提高组列运行的可靠性；次要建筑机械并列化原则，即在可能的情况下适当注意组列中的薄弱（运行可靠性低）环节，实现局部施工设备的并列化。

（9）高、大、难、深等重点工程用关键建筑机械，实行特殊管理实行差异化管理，特殊工程特殊管理；特殊建筑机械重点管理。对高、大、难、深等重点工程用建筑机械，实行管理人员专业化、维修人员精英化、操作人员精兵化。施工企业明确分管建筑机械的领导，明确建筑机械管理岗位责任，在施工现场配备相应的管理工作人员和建筑机械专业技术人员，一旦出现问题，及时维修处理，确保工程进度，确保安全无事故。

（10）做好安全教育和技术交底

对操作人员进行技术交底，讲解操作规程，经常组织安全和技术培训，提高操作人员和维修人员的专业技能和技术水平；合理安排施工顺序，合理安排作业节奏，确保作业设备及人员安全。

（五）现场建筑机械维护

建筑机械管理在实施前，有许多的策划，并形成建筑机械需用计划、设备投资计划、检查计划、设备维修保养计划、配件贮备计划等等。下面重点介绍建筑机械管理常用的维护保养计划的编制和实施。

1. 编制常规维护计划

建筑机械设备的维修保养是设备安全运行的重要保证，其工作质量的好坏将直接影响到项目施工速度和效益。通过对设备的检查、调整、保养、润滑、维修，可以减少建筑机械的磨损，降低故障率，提高建筑机械的使用效率。完善这些工作不但减少因建筑机械故障而停机的次数，降低生产和维修成本，而且也延长了建筑机械的使用寿命，使设备运行处于良性循环状态。

在建筑机械的使用过程中，应根据建筑机械的使用年限、运行状况、工作任务的轻重，参考故障浴盆曲线，编制建筑机械维修保养计划，并及时对建筑机械进行维修保养。

一般建筑机械设备管理部门根据每台已运转台时、运转情况及任务量，确定进行保养的级别和日程，年初编制保养计划，见表9-1、表9-2，维修保养计划中应明确需维修保养的主要部件，保养的时间，作业人等具体内容，并下达保修任务单。

××年建筑机械保养计划表 表9-1

计划部门：_____　提出日期：

机械名称＼月份＼保养内容	1		2		3		4		5		6		7		8		9		10		11		12	
	计划	实施	计划	实施	计划	实施	计划	实施	计划	实施	计划	实施	计划	实施	计划	实施	计划	实施	计划	实施	计划	实施	计划	实施

批准/日期：_____　审核/日期：_____　计划/日期：_____

建筑机械修理计划表　　　　　　　　表 9-2

填报单位：

机械编号	机械名称	规格型号	上次修理后已运转时间	本次修理类别	主要修理项目	预计金额	送修时间			送修单位	承修单位	备注
							上旬	中旬	下旬			

负责人：　　　　　填报人：　　　　　实际报出日期：

根据修理类别的不同，机械的修理可以分为三类：大修、中修（故障修理或计划性维修）、小修（日常保养）。中修、小修下达普通修理计划，大修要下达大修计划。对于塔式起重机、电梯等大型设备，每年都应制定维修保养计划。

2. 维修保养的实施

建筑机械维修保养前，需对保养机械进行进场检验，修护及保养完毕后做竣工检验。竣工检验不合格的维修设备不允许出场使用。

对维修保养建筑机械，维修保养人员按保养级别、附加修理项目、更换主要配件等项目填写维修保养记录。（见表 9-3、表 9-4）

对大修计划，如当年因为施工不能进行修理计划的，应对建筑机械的使用情况进行检查，确认设备无安全隐患，可以继续使用的方可继续使用。建筑机械使用完毕后立即执行大修计划。

建筑机械维修完毕后，由送修、承修双方共同鉴定验收。鉴定验收内容包括：对建筑机械外部检查、空运转试验、负荷试验和试验后的复查修理。维修鉴定验收后填写维修验收记录（表 9-5）

建筑机械管理部门应做好维修保养台账（表 9-6）的填写，及大修计划执行情况统计（表 9-7），便于以后维修管理多种计划的编排。

建筑机械维修记录　　　　　　　　表 9-3

施工单位及项目：

机械编号：　　　　机械名称：　　　　规格型号

日期	修理性质	实用工时	修理项目	配换材料				维修人员	检验人员	备注
				名称	数量	单价（元）	复价（元）			

续表

日期	修理性质	实用工时	修理项目	配换材料				维修人员	检验人员	备注
				名称	数量	单价（元）	复价（元）			

负责人：　　　　填表人：

建筑机械保养记录　　　　　　　　　　　　　表 9-4

施工单位及项目：

机械编号：　　　　机械名称：　　　　规格型号：

日期	距上次保养间隔	保养级别	保养项目	使用材料				保养工时			保养人员	检验人员	备注
				名称	数量	单价（元）	复价（元）	工种	等级	工时			

负责人：　　　　填表人：

建筑机械修理验收记录　　　　　　　　　　　　表 9-5

机械名称		规格型号		统一编号	
修理单位					
更换主要配件					
修理起止时间					
修理人员					

验收内容：

验收结论					
技术负责人签字		修理负责人签字		修理班组长签字	

建筑机械保养修理台账　　　　　　　　　　　　表 9-6

单位名称　　　　　　年　月　日

机械编号	机械名称	规格型号	进修日期	修竣日期	保修类别	累计运转合计	保养、修理主要项目	更换主要配件	费用金额（元）	送修单位	承修单位

续表

机械编号	机械名称	规格型号	进修日期	修竣日期	保修类别	累计运转合计	保养、修理主要项目	更换主要配件	费用金额（元）	送修单位	承修单位

填报人：　　　　审核：

年、季度建筑机械大修理计划执行情况　　　　　表 9-7

填报单位：

机械编号	机械名称	规格	修理类别		进厂日期		出厂日期		费　用					送修单位	承修单位	备注
			计划	实际	月	日	月	日	合计	工时费	材料费	工具费	其他			

负责人：　　　　统计员：　　　　时间：

十、建筑机械资料管理

　　建筑机械是企业的重要的生产资源，按国家法规、标准等规定，企业应建立大型建筑机械设备档案管理办法和施工项目设备内业资料管理制度，建立、收集、整理相关建筑机械安全技术档案；无论企业自身管理，还是国家监管部门均需要查验相应设备的档案资料，通常建筑机械档案的分类方式如下：

　　按档案资料的功能分有：经济管理资料、技术管理资料、安全管理资料等；

　　按档案资料的性质分有：资产管理资料、技术改造资料、安全使用资料等；

　　按档案资料的形成分有：原始资料、积累资料等。

（一）建筑机械分类编号

1. 建筑机械的分类

　　建筑机械类型品种繁多，为了便于管理，各部门对施工机械的分类都作了不同的规定，以便系统内的统一管理。建设部制定了的标准（JG/T 5093—1997）《建筑机械与设备产品分类及型号》，将建筑机械与设备划分为 19 类、183 组、451 型、633 种产品。有些主要施工机械由于生产归口管理等原因，未能列入此标准中。

2. 建筑机械的编号

　　按照现行财务制度的规定，施工企业生产用固定资产分为六大类：①房屋、建筑物；②仪器及试验设备；③施工机械；④运输设备；⑤加工与维修设备；⑥其他生产用固定资产。通常建筑机械管理部门负责施工机械、运输设备、生产设备三大类的管理。

　　根据固定资产的性能和用途，每一大类中又分若干小类，如第 3 大类"施工机械"各小类包括：起重机械、土方机械、铲运机械、凿岩机械、桩工机械、钢筋机械、混凝土机械、筑路机械等。每一小类中又分若干组型，如"起重机械"又分塔式起重机、汽车起重机等。

　　建筑机械类型复杂、品种多，为了识别容易，避免混淆，便于单机管理，对构成固定资产的建筑机械应逐台统一编号，为固定资产的计算机管理创造条件。

　　原国家建工总局曾颁发有关固定资产分类编号的规定，规定统一编号由两组号码组成，第一组以四位数字代表类别编号，其中第一位数字代表固定资产大类；第二位数字代表一个大类中的小类；第三、四位数字代表名称或组型。第二组以五位数字代表，前两位数字为单位代号。后三位数字为实物的顺序号。

　　执行统一编号应注意以下几点：

　　① 建筑机械统一编号应由企业建筑机械管理部门在建筑机械验收转入固定资产时统

一编排，编号一经确定，不得任意改变。

② 报废或调出本系统的建筑机械，其编号应立即作废，不得继续使用。

③ 建筑机械的主机和附机、附件均应用同一编号。

④ 编号标志的位置。大型建筑机械可在主机机体指定的明显位置喷涂单位名单及统一编号，其所用字体及格式应统一。小型和固定安装机械可用统一式样的金属标牌固定于机体上。

（二）建筑机械资产管理的基本资料

建筑机械资产管理的基础资料包括：登记卡片、台账、清查盘登记表点、档案等。

1. 登记卡片、台账

（1）登记卡片

登记卡片是反映建筑机械主要情况的基础资料，主要内容包括：建筑机械各项参数情况，动力装置的型号、规格，主要技术性能，附属设备、替换设备等情况；动态情况，如机械运转、修理、改装、机长变更、事故等记录。

机械登记卡片由产权单位机械管理部门建立，一机一卡，按机械分类顺序排列，专人负责管理，及时填写和登记。本卡片应随机转移，报废时随报废申请表送审

（2）台账

台账是掌握企业建筑机械资产状况，反映企业各类建筑机械的拥有量、分布及其变动情况的主要依据，它以《机械分类及编号目录》为依据，按类组代号分页，按机械编号顺序排列，其内容主要是建筑机械的静态情况，由企业建筑机械管理部门建立和管理，作为掌握建筑机械基本情况的基础资料。台账一般分总账和分布账，还应有报废台账、维修台账、封存停用台账、完好利用率统计台账等等，企业可根据情况设立。某企业建筑机械分布台账见表10-1。

建筑机械分布台账　　　　　　　　　　　　　　　　　表 10-1

序号	产权单位						设备类别					
	统一编号或备案号	设备名称	型号规格	功率(kW)	生产厂家	出厂时间	租赁单位	进场日期	退场日期	使用保管人	接受人	备注

填表人：　　　　建立时间：

2. 清查盘点登记表

按照国家对企业固定资产进行清查盘点的规定，每年终了时，由企业财务部门会同机械管理部门和使用保管单位组成机械清查小组对机核固定资产进行一次现场清点。清点中要查对实物，核实分布情况及价值，做到台账、卡片、实物三相符，并填写《建筑机械清

查盘点登记表》见表 10-2。

建筑机械清查盘点登记表　　　　　　　　表 10-2

填报单位：　　　　　　　　　　2013 年×月

统一编号	机械名称	公称能力	机械				动力						原值	净值	技术状况				所在单位	备注
			型号	制造厂	号码	出厂年月	类别	型号规格	功率	制造厂	号码	出厂年月			完好	需修	待报废	不配套		

单位负责人：　　　　　　　　填报人：

清点工作必须做到及时、深入、全面、彻底的要求，在清查中发现的问题要认真解决。

如发现盘盈、盘亏，应查明原因，按有关规定进行财务处理。清点应填写建筑机械资产清点表，留存并上报。

为了监督建筑机械的合理使用，清点中对下列情况应予处理：

（1）如发现保管不善、使用不当、维修不良的建筑机械，应向有关单位提出意见，帮助并督促其改进。

（2）对于实际磨损程度与账面净值相差悬殊的机械，应查明造成原因，如由于少提折旧而造成者，应督促其补提；如由于使用维护不当，造成早期磨损者，应查明原因，作出处理。

（3）清查中发现长期闲置不用的建筑机械，应先在企业内部调剂；属于不需用的机械，应积极组织向外处理，在调出前要妥善保管。

（4）针对清查中发现的问题，要及时修改补充有关管理制度，防止前清后乱。

（三）建筑机械技术档案

1. 建筑机械技术档案的作用

建筑机械技术档案是指机械自购入（或自制）开始直到报废为止整个过程中的历史技

术资料。能系统地反映建筑机械物质形态运动的变化情况，是机械管理不可缺少的基础工作和科学依据。其作用主要在于：

（1）掌握建筑机械使用性能的变化情况，以便在最有利的使用条件下，充分发挥其效能。

（2）掌握建筑机械运行时间的累计和技术状况变化的规律，以便更好地安排建筑机械的使用、保养和修理，为编制使用、维修计划提供依据。

（3）为建筑机械备品配件供应计划的编制和建筑机械修理的技术鉴定，提供科学依据。

（4）为改进建筑机械的结构、性能，生产备品配件进行技术经济论证等工作提供技术资料。

（5）为分析建筑机械及安全事故原因，申请建筑机械报废等应提供有关技术资料和依据。

2. 建筑机械技术档案的内容

建筑机械技术档案由企业机械管理部门建立和管理，其主要内容有：

（1）建筑机械随机技术文件。包括：使用保养维修说明书、出厂合格证、零件装配图册、随机附属装置资料、工具和备品明细表，配件目录等。

（2）新增（自制）或调入的批准文件。

（3）安装验收和技术试验记录。

（4）改装、改造的批准文件和图纸资料。

（5）送修前的检测鉴定、大修进厂的技术鉴定、出厂检验记录及修理内容等有关技术资料。

（6）事故报告单、事故分析及处理等有关记录。

（7）建筑机械报废技术鉴定记录。

（8）建筑机械交接清单。

（9）其他属于本机的有关技术资料。

3. 建筑机械履历书

建筑机械履历书是一种单机档案形式，由建筑机械使用单位建立和管理，作为掌握建筑机械使用情况、进行科学管理的依据。其主要内容有：

（1）试运转及走合期记录。

（2）运转台时、产量和消耗记录。

（3）保养、修理记录。

（4）主要机件及轮胎更换记录。

（5）机长更换交接记录。

（6）检查、评比及奖惩记录。

（7）事故记录。

4. 建筑机械技术档案收集注意事项

（1）原始资料一次填写入档；运行、消耗、保养等记录按月填写入档；修理、奖惩、事故、交接、改装、改造等及时填写入档。列入档案的文件、数据应准确可靠。

（2）国外引进建筑机械的技术资料和该机有关国际间技术交流的资料，应及早归档，不得留存在个人手中。

（3）机械调动时，技术档案随机移交。报废时，技术档案随报废申请单送批。

（4）借阅技术档案应办理审批和登记手续，借阅单位和个人不得在档案材料上涂改、抽换和损坏。

（5）建立技术档案检查和分析制度、以保证档案内容充实、可靠。主管机械的领导要定期检查档案的完整性，分析机械使用、维修和技术状况的变化等情况，以便掌握规律，改进机械管理工作。

5. 建筑机械运行统计

建筑机械运行基础数据的建立，有利于充分了解建筑机械的实际工作能力，在不同的作业环境下的产出，能有效地充分利于资源，避免窝工、资源浪费。建筑机械交接班记录、运转记录、完好率、利用率能及时准确地反映其运行状况、工作能力及任务情况。根据记录可以及时调整人员配备及工作量的分配，有效地提高工作效率。

（四）建筑机械资料管理

为了建立健全建筑机械安全技术档案管理工作，加强建筑机械安全技术档案的科学管理，有效地保护和利用档案，结合单位实际情况，应制定以下办法。

1. 档案管理体制

（1）档案管理机构：应指定有关部门统一管理本单位的建筑机械技术档案。

（2）指定专人管理建筑机械技术档案工作，保管人必须维护档案的完整与安全，并接受必要的培训。

2. 立卷归档制度

（1）档案的收集：建筑机械管理部门对建筑机械资料进行收集整理，经过挑选，立卷，定期移交档案室集中保存。

（2）归档范围：包括建筑机械登记表、备案证明、使用证复印件、设计文件、制造单位的产品质量合格证明、使用维护说明等文件以及安装技术文件和资料；定期检验和定期自行检查的记录；日常使用状况记录；及其安全附件、安全保护装置、测量调控装置及有关附属仪器仪表的日常维护保养记录；运行故意和事故及处理记录；重大修理改造竣工档案；停用、缓检的相关申请资料等，以及有关往来函件（含传真、电子邮件等）、照片等各种形式、载体的文件。

（3）归档要求及注意事项

1）资料应完整齐全，按工作阶段性进行归档。

2）系统、条理，保持有机联系。凡是归档文件材料，均要按其不同特征组卷，尽量保持它的内在联系，区分它们不同的保存价值。文件分类准确、立卷合理。

3）立卷时，要求将文件的正件与附件，印件与定稿，请示与批复等统一立卷，不得分散。

4）在进行卷内文件排列时，要合理安排文件的先后次序，按时间先后排列。对于同一事情的同一文件，应统一规定进行。

5）由档案部门对机械管理部门加以指导，协助机械管理部门共同做好旧档的组织工作。办理移交手续，双方在移交清册签字。

3. 单机归档、卷内目录

应设专人负责对建筑机械（塔式起重机、施下升降机、物料提升机、厂（场）内机动车辆等）建立单机档案，独立成卷（盒）。

（1）单机档案应包括：

1）购置的合同和发票（复印件）；

2）随机各项文件和技术资料；

3）历次安装、拆除和检验资料；

4）历次的二级保养和维修资料；

5）设备的运转记录；

6）在主管部门办理的备案登记相关证件。

（2）设备管理部门应建立设备档案资料借阅登记表，严格借阅手续，防止丢失。

（3）建筑机械的技术资料及档案保管期限等同该设备的实际使用年限。

（4）工程档案封面、卷内目录、备考表、设备档案管理表格见表10-3。

建筑机械文件材料归档范围与组卷排列表　　　　　　　　表10-3

序号	类别	卷内文件排列
一	依据性文件	设备购置计划、重要设备购置论证报告及批复文件
二	开箱验收与随机文件	建筑机械设备开箱检验记录； 产品说明书； 图纸； 产品合格证和出厂检验文件； 设备装箱单； 随机附件、备件、工具清单； 其他随机文件
三	安装调试文件	设备安装工艺规程； 设备安装基础图、平面布置图、电器接线图； 设备安装隐蔽工程检查记录； 试车、调试记录； 精度检查记录、性能鉴定文件； 安装验收文件
四	使用维修文件	固定资产卡片； 向使用单位办理随机附件、备件、工具移交清单； 设备维护保养、安全操作规程（说明书包括的不再单列）； 设备运转记录； 大、中修理记录及重点部位修理记录，包括修理过程记录现场测绘的图纸、使用材料、易损件更换明细表及修理尺寸、结算单等； 大修精度检验记录及验收单

续表

序号	类别	卷内文件排列
五	技术改造文件	申请报告与审批文件； 修改部分的图纸、计算书； 设备改造后的检测记录； 鉴定验收文件
六	事故处理文件	建筑机械事故调查、处理材料与批复文件
七	商检与索赔文件	引进国外设备的进口商检、索赔及谈判文件
八	报废文件	建筑机械报废申请报告与审批文件

注：凡机械设备为主、副机配套的，其文件材料均按主机在前、副机在后的顺序排列。

（5）建筑机械建档目录

施工企业施工专业不同，所拥有的建筑机械种类也不尽相同，目前建档建筑机械种类没有统一规定，企业可根据自身情况，对价值较高、危险性较大的、企业生产的关键和重要的建筑机械建立档案。常用的建筑机械建档目录见表10-4。

建筑机械建档目录 表 10-4

序号	名称	说明	序号	名称	说明
1	挖土机	0.5m² 以上	10	施工升降机	各种型号
2	推土机	4.5kW	11	自卸汽车	各种型号
3	铲运机	4.5m² 以上	12	载重汽车	各种型号
4	压路机	各种型号	13	空气压缩机	6m³ 以上
5	履带起重机	各种型号	14	打桩机	各种型号
6	轮胎式起重机	各种型号	15	混凝土输送泵	各种型号
7	汽车式起重机	各种型号	16	混凝土搅拌运输车	各种型号
8	塔式起重机	各种型号	17	混凝土运输泵车	各种型号
9	桥式起重机	各种型号	18	发电机组	50kW 以上

（五）现场建筑机械安全使用资料

为现场实施有序管理，方便于现场使用及安全监管核查，有利于专项费用核算，保证建筑机械的全寿命受控，施工现场的建筑机械资料管理至关重要。应注意部分关键资料是唯一性的，存贮在设备产权单位，现场可收集复印件加盖原件保存部门印章，现场形成的资料必须保存原件。

1. 现场建筑机械管理基本资料

现场建筑机械台账表（册）：按建筑机械分类，主要登记建筑机械名称、型号、规格、出厂时间、进场日期、制造厂、出场时间、启用时间等情况，在建筑机械增减时填写，是相关管理人员（部门）掌握建筑机械基本情况的依据。

租赁建筑机械台账：登记租赁单位、建筑机械名称、型号、规格、厂家、进场时间、计租时间退场时间等。

设备分布及责任人登记表（册）：略。

现场设备需用计划表（含总、季、月计划）：略。

2. 建筑机械安装资料

进场验收资料；

安装单位资质证书及安全生产许可证；

安装（顶升附着、拆卸）专项方案；

建筑起重机械安装施工应急预案；

安装拆卸作业安全技术交底；

安装施工特种作业人员证书；

安装验收资料；

安装及定期检验资料；

顶升附着验收资料；

安装告知及使用登记资料；

安装合同及安全协议。

3. 建筑机械使用资料

建筑机械租赁合同及安全使用协议；

操作人员及特种作业人员证书；

设备运转记录；

多班作业司机交接班记录；

建筑机械维修保养记录；

建筑机械使用检查记录；

相关人员资格证书；

人员教育培训资料；

操作使用安全技术交底。

生产安全事故应急预案。

4. 建筑机械经济核算资料

建筑机械租赁费用统计资料，主要包括：租赁费核算单、租赁费统计台账等；

自有建筑机械费用核算资料，主要包括：建筑机械购置登记表、耗材表、维修费用统计表、人员工资费用表、油料消耗统计表、项目建筑机械费用阶段分析对比等资料。

附件

建筑施工机械租赁合同（范本） 合同编号：＿＿＿＿＿＿

承租人（简称甲方）：＿＿＿＿＿＿＿＿＿＿＿＿＿＿＿＿＿（单位全称）

出租人（简称乙方）：＿＿＿＿＿＿＿＿＿＿＿＿＿＿＿＿＿（单位全称）

行业确认证书号：＿＿＿＿＿＿＿＿＿

合同订立地点：＿＿＿＿＿＿＿＿＿＿＿＿＿＿＿＿＿＿＿

　　依照《中华人民共和国合同法》以及其他相关法律法规，遵循平等、自愿和诚实信用的原则，经甲乙双方协商一致，由甲方向乙方租用本合同所列建筑机械，使用于甲方承建的工程项目上。双方就有关权利义务达成下列条款。

　　第一条：租用建筑机械名称及规格、数量

　　机械名称：＿＿＿＿＿＿＿＿＿；型号或规格：＿＿＿＿＿＿＿＿＿；

　　生产厂商：＿＿＿＿＿＿＿＿；数量：＿＿＿＿＿＿＿台；

　　附属设备名称：＿＿＿＿＿；型号或规格＿＿＿＿＿；台（件）数：＿＿＿＿。

　　（租用建筑机械数量众多，可另列专页）

　　第二条：使用地点

　　＿＿＿＿＿省（市）＿＿＿＿＿县（市）＿＿＿＿＿＿＿＿＿号

＿＿＿＿＿＿＿＿＿＿＿＿＿＿＿＿工程（项目）

　　第三条：租用期限自＿＿＿年＿＿＿月＿＿＿日至＿＿＿＿年＿＿＿月＿＿＿日止。预计＿＿＿个月。

　　租赁期届满，甲方应将租用建筑机械完好交还乙方。双方结清租金及其他费用后，甲方应在乙方□退场前□退场后＿＿＿天内支付完毕。机械具体进场和退场日期由甲方提前＿＿＿天，书面通知乙方。（请在相应的方框内打"√"）

　　第四条：计算租金的方式

　　选择下列□1□2□3租金计算方式。（请在相应的方框内打"√"）

　　1. 按月租金计算方式。机械名称：＿＿＿＿＿＿＿＿规格或型号：＿＿＿＿＿＿＿＿每台租金人民币＿＿＿＿＿元/月。不足月的尾数日租金按月租金除以30天乘以尾数日计算。租金每月结算一次，每月＿＿＿日为前月租金的支付日。（机械种类不止一种，可另列专页，按序列明相应租金）

　　2. 按台班计算方式（适用于租期、工作量不确定，不便于按工作量计算租金的场合，如履带式或轮胎式起重机）。机械每天工作＿＿＿小时，按壹个机械台班计算，每台班租金为＿＿＿＿元。每月＿＿＿日前由双方确认上月实际工作台班数量，并于＿＿＿日内由甲方支付租金。临时租用建筑机械，工作完毕即结算租金，并于＿＿＿日内支付完毕。

　　3. 按工作量计算方式（本方式适用于工程运输机械，如混凝土输送泵、输送车、挖掘机、沥青路面摊铺机等）。按＿＿＿＿＿元/立方米（平方米），由甲方向乙方支付租金。每月＿＿＿日前结算上月工作量，＿＿＿日内支付完毕。

　　第五条：租金计费起止时间

　　选择下列□1□2□3计费起止时间。（请在相应的方框内打"√"）

　　1. 始于建筑机械抵达现场，止于甲方书面通知停止使用。

　　2. 始于建筑机械开始作业，止于甲方书面通知停止使用。

　　3. 其他（特种建筑机械及特殊建设工程项目等，可在专用条款中约定）。

　　第六条：进场费

　　租赁建筑机械进出场由乙方负责，费用（含运输＿＿＿＿＿元、吊装＿＿＿＿＿元、安装_____元、拆卸_____元）共计人民币_____元，由甲方承担。甲方在进场前_____天向乙方支付。

第七条：保证金

乙方向甲方收取保证金_____元作为履行本合同的保证。保证金在租赁建筑机械进场前由甲方向乙方支付。

租赁期届满，如租赁建筑机械发生缺损，甲方应当照价赔偿。保证金扣除应付租赁建筑机械的缺损赔偿后，其余额由乙方无息返回甲方。

第八条：双方的权利义务

一、出租方义务

1. 按合同约定时间或按甲方通知的时间、地点提供合格的且不低于约定主参数的机械设备。

2. 提供技术保障服务。

3. 向甲方就出租建筑机械的使用环境、安全使用要求、操作维护注意事项等提供必要的技术资料或技术说明。

4. 乙方派出随机操作人员必须持证上岗，应服从甲方管理，遵守甲方各项规章制度。

二、承租方义务

1. 按时足额支付租金，不拖欠。

2. 甲方自行承担或指派的操作人员必须持证上岗。

3. 按操作规程或建筑机械使用规定，建筑管理使用承租的建筑机械，并按规定做好建筑机械保养维护工作。

4. 为乙方提供承租建筑机械进出场作业、其他维护作业的协助和便利。

5. 未经乙方书面同意，甲方不得转租本合同名下机械。

6. 任何情况下，甲方不得把承租的建筑机械（包括附属设备、备件）转卖、抵债或作为与第三方的担保物（包括抵押、质押以及其他担保形式）。

第九条：租赁建筑机械的交接

乙方依甲方通知指定的时间、地点向甲方移交合同约定的租赁建筑机械，双方就交付建筑机械的型号、规格、附件、数量以及安装质量完好状况签署交接清单。

第十条：操作、维护与修理

1. 租赁建筑机械在租赁期间由甲方管理使用。本合同约定由甲方操作维护租赁机械的，甲方应按机械运营、操作规定配备符合上岗条件的操作、指挥、维护等人员。本合同约定租赁机械由_____方负责操作维护。

2. 甲方可委托具备相应资质的专业队伍承担租赁机械的操作、维护等技术服务工作。甲方与第三方所订立的操作、维护租赁机械的合同受本合同条款约束。

3. 因故障造成租赁机械无法运行，乙方自接到通知时起_____小时内到达现场维修。乙方自接到维修通知起_____日内未能修复的，自第_____日起免收租金直至恢复运营日止。但机械故障系因甲方违章指挥、违章作业造成，甲方仍应支付修复停运期间的租金。

第十一条：租赁建筑机械及其附件自合同双方移交日起，由接收方承担租赁建筑机械的毁损、灭失责任或其他第三方受损责任。甲方对已经运抵使用现场但尚未办理移交手续的建筑机械应当协助乙方妥善保管，防止散失、损坏。

第十二条：在租赁期间建筑机械发生毁损或灭失时，甲方应立即通知乙方，乙方有权要求甲方：

（1）将租赁建筑机械复原或修理至完全正常使用状态；

（2）或更换与毁损机械同等型号、性能的机械；

（3）或赔偿乙方实际损失。

存在下列情形的应当减轻或免除甲方的责任：

（1）发生毁损时租赁建筑机械完全置于乙方派出人员控制下。

（2）发生毁损、灭失的原因不能归责于甲方的其他情形。

第十三条：租赁期间，乙方转让出租机械的，不影响本租赁合同的履行，但乙方应当及时通知甲方。

第十四条：违约责任

1. 乙方未提供合同约定的建筑机械设备或虽提供机械设备，但型号、规格与合同不符，甲方认为不能适用，乙方未依合同调整，致使合同无法履行，构成违约。乙方支付甲方相当于该机械一个月租金的违约金，并赔偿甲方为履行本合同所发生的直接损失。

2. 乙方未按合同约定日期或按甲方通知日期提供建筑机械设备的，每逾期一日，支付甲方逾期交付违约金_____元/日。但甲方未预付进出场费或保证金的，无权要求乙方支付逾期交付违约金。

3. 乙方在合同期间无合理理由停止服务致使建筑机械停工的，每停工一天，甲方除扣减相应租金外，乙方支付甲方相当于该机械日租金_____％的违约金。造成甲方其他损失的，乙方应当承担赔偿责任。

4. 甲方通知建筑机械进场后，又通知取消合同的，支付相当于该机械一个月租金的违约金，并赔偿乙方为履行本合同发生的直接费用。

5. 甲方未按合同约定日期支付租金的，每逾期一日，向乙方支付未付租金的_____％逾期支付违约金。经乙方催讨仍未支付，超过 30 天的，乙方有权解除合同，乙方行使解除合同权的，甲方应当在合同约定违约金基础上向乙方加付相当于该机械一个月租金的违约金，造成乙方其他损失的，甲方应承担赔偿责任。

6. 甲方擅自改装、添附、拆除附件、改变机械性能的，乙方有权：

（一）要求甲方恢复原状，赔偿损失；

（二）解除合同。乙方行使解除合同权的，甲方应当在约定违约金基础上向乙方加付相当于该机械一个月租金的违约金，造成乙方其他损失的，乙方有权要求甲方赔偿。

7. 以本合同所承租的建筑机械对外作抵押、质押、担保、转卖、抵债等有损于乙方物权的任何行为均为严重违约。甲方应无条件消除影响、排除妨碍。造成乙方损失的，由甲方负责赔偿。

第十五条：争议解决

双方对合同的履行引发争议，经协商未能达成一致的，可选择下列□1□2途径解决。

1. 向原告所在地人民法院提起诉讼。

2. 向原告所在地仲裁委员会申请裁决。

第十六条：合同生效

本合同双方约定：□双方盖章，□交付进场费后生效。（请在相应的方框内打"√"）

合同订立时间：_____年_____月_____日

承租人：（甲方公章）	出租人：（乙方公章）
住所：	住所：
法定代表人：	法定代表人：
委托代理人：	委托代理人：
电话：	电话：
传真：	传真：
开户银行：	开户银行：
账号：	账号：
邮政编码：	邮政编码：